RとRコマンダーではじめる多変量解析

荒木 孝治 編著

日科技連

- 謝辞
  - 本書の執筆は、フリーの統計環境 R の存在なくしてはあり得ません。R 開発のコアチーム、パッケージを公開されている方々、日本語化に尽力されている方々、日本語による R に関する優れた情報発信サイトである RjpWiki を運営され、貢献されている方々に敬意を表します。
  - 本書の執筆には、フリーの組版システムである TeX を利用しました。TeX の作成者である Knuth 博士をはじめとして、TeX の世界で貢献されている様々な方々に敬意を表します。
- 商標、登録商標
  - R は、The R Foundation の商標または登録商標です。
  - Microsoft Windows、Microsoft Excel は、米 Microsoft 社の登録商標です。
  - その他、本文中の社名・製品名はそれぞれの会社の商標または登録商標です。本文中には TM マークなどを明記していません。
- 免責事項
  - 本書に記載されている手順などの実行の結果、万一障害などが発生しても、弊社および著者は一切の責任を負いません。お客様の責任のもとでご利用ください。
  - 本書に記載されている情報は、特に断りのない限り、2007 年 7 月 21 日現在のものです。それぞれの内容につきましては、予告なく変更されている場合があります。

はじめに

　早いもので、『フリーソフトウェア R による統計的品質管理入門』を上梓して 2 年がたちました。当時は R の日本語化が一段落した頃で、日本語の解説書はまだ数冊しかありませんでした。しかし、その後の R が受容されるスピードはめざましく、書籍やウェブサイトでの紹介も増え、各種のセミナーで紹介・利用され、また多くの学校に導入されています。日本で出版された R 関連書は 20 冊にもなろうとしています。

　R は動作する OS を選びません。また、誰でも開発・拡張に携わることができるオープンソースであり、フリーソフトウェアでもあります。これらの R のオープン性と自由さに魅せられ、前著では、GUI（Graphical User Interface：メニュー方式）での利用を可能とするパッケージ、R Commander（R コマンダー）を用いて、QC 七つ道具を中心とする統計的品質管理（SQC）の基本ツールを R で分析する方法を紹介しました。

　その本を社会人向けのセミナーや商・経済学部の講義で使って感じたのは、1 つには、R の奥行きの広さです。標準で装備されているパッケージだけでも十分に高度な手法に対応できますが、パッケージ開発がどんどんと進んでいます。それらに取り組んでいくだけのやる気があれば、英語ではありますが丁寧な解説が同時に配布されているので、統計学を主専攻としない者であっても最先端の手法を使っていくことができます。同時に、R コマンダーによるメニュー方式の効用がやはり非常に大きいこともわかりました。日頃、統計学はおろか数字に慣れ親しんでいない文系学生であっても、R コマンダーを介して、様々な統計手法を実践することが可能でした。

　本書では、さらに進んで、多変量解析の一連の手法を、できる限り R コマンダーを用いて利用する方法を説明しています。前著と同じく、まず例題を提示し、操作の手順・得られる出力・その意味（読み方）を 1 つひとつ解説しています。また、初学者にもわかるように、その背景にある統計理論の基礎についてもバランスよく概説しています。前著と大きく異なるのは、想定した読み手です。多変量解析の諸手法は、SQC の分野でももちろん用いますが、アンケート調査やマーケティング、金融や証券あるいは為替の分析といった形で、社会学・商学・経済学・政治学等に関連する広い分野の人も利用できる手法です。例題も、そういった点に配慮して、多くの分野の人に実感してもらえる内容を心がけました。

　GUI での利用をサポートするパッケージである R コマンダーも、2 年の間に大きく進化しました。バージョン 1.3-0 からは R コマンダーへのプラグインを作る機能が追加され、RcmdrPlugin.TeachingDemos や RcmdrPlugin.HH、Rcmdr.HH というプラグインが公開されました。これらは、R コマンダーには実装されていない、しかし

教育上あれば良いと考えられる機能をサポートしています。本書では、R コマンダーはもちろん、Rcmdr.HH についても付録において簡単に触れています。

　本書は、日科技連大阪事務所が開催する多変量解析セミナーのため、2005 年秋に準備したテキストに大幅に加筆したものです。後半にはいくつかの手法を新しく加えました。本書が、皆さんの多変量解析ライフを実り豊かにすることを、執筆者一同、心より願っています。末筆ながら、セミナーテキスト作成時に多大なるお力添えをいただきました企業メンバーの皆様、前書に引き続き素晴らしい表紙イラストを描いてくださった久枝アリアさん、本書の刊行に際しお世話になった（財）日本科学技術連盟大阪事務所の皆様、（株）日科技連出版社の皆様に心より謝意を表します。

2007 年 7 月

著者を代表して　　　荒木孝治

●ご注意●

1) 本書で利用するデータは下記のサイトよりダウンロード可能です。そのため、利用するデータを本文中で全て記載することはしておりません。利用データと本書の箇所との関連も、データファイルおよびホームページに記載していきます。また、サポート情報も随時アップしますので、ご参照ください。

　　荒木のウェブサイト：http://www.ec.kansai-u.ac.jp/user/arakit/R.html

2) 本書では、R 本体のインストールの方法および利用法に関しては触れていません。これについては、R に関する日本語による優れた情報サイトである

　　RjpWiki：http://www.okada.jp.org/RWiki/

あるいは、他の書籍（例えば、舟尾・高浪 [8]）をご参照ください。R コマンダー自体に関心がある方は舟尾 [7] をご参照ください。

3) ソフトウェアはバージョンアップされますので、本書での説明（機能や画面、動作結果）などは変更される可能性があります。本書の内容は

　　Windows XP/2000，R 2.5.1，Rcmdr 1.3-5

での動作を確認していますが、全ての環境での動作を保証するものではありません。また、本書の内容を実行したために発生した直接的・間接的被害に対して出版社ならびに著者はその責任を負いません。本書を用いた運用は、お客様自身の責任で行ってください。

目　　次

はじめに …………………………………………………………… iii

第1章　問題解決と多変量解析 …………………………………… 1
- **1.1**　多変量解析法とは何か　1
  - 1.1.1　変数とデータのタイプ　3
  - 1.1.2　多変量解析の諸手法　3
- **1.2**　データのまとめ方　5
  - 1.2.1　データのスタイル　5
  - 1.2.2　データ分析の基本的考え方　5
  - 1.2.3　1変数の分析　6
  - 1.2.4　2変数の関係の分析　8
  - 1.2.5　多変数をまとめて取り扱う　9
- **1.3**　例：紙幣データ　10

第2章　単回帰分析 ………………………………………………… 19
- **2.1**　適用例　19
- **2.2**　回帰分析とは　20
- **2.3**　最小2乗法　21
- **2.4**　当てはまりの良さ　27
- **2.5**　回帰に関する検定と推定　29
  - 2.5.1　回帰母数の推定量の分布　30
  - 2.5.2　回帰母数に関する検定と推定　31
  - 2.5.3　母回帰の区間推定　34
  - 2.5.4　個々のデータの予測　36
- **2.6**　例：製品粘度データ　37
- **2.7**　データに繰り返しがある場合の回帰　42
- **2.8**　より拡張された分析をめざして　47
  - 2.8.1　解析結果の吟味　47
  - 2.8.2　非線形モデルの推定　51

第3章　重回帰分析 …… 52

- **3.1** 適用例　52
- **3.2** 重回帰モデル　53
- **3.3** 当てはまりの良さ　61
- **3.4** 回帰に関する検定と推定　63
  - 3.4.1 ゼロ仮説の検定　63
  - 3.4.2 偏回帰係数に関する検定と推定　64
- **3.5** 回帰診断　68
  - 3.5.1 残差分析　69
  - 3.5.2 感度分析　72
  - 3.5.3 多重共線性　74
  - 3.5.4 偏残差プロット　74
  - 3.5.5 基本的診断プロット　75
  - 3.5.6 部分データセットに対する重回帰分析　79
- **3.6** 変数選択　81
  - 3.6.1 変数選択の方法　82
  - 3.6.2 変数選択の基準　82
- **3.7** 説明変数に質的変数を含む回帰分析　91

第4章　主成分分析 …… 100

- **4.1** 適用例　100
- **4.2** 主成分分析とは　101
  - 4.2.1 主成分分析の考え方　101
  - 4.2.2 回帰分析と主成分分析の違い　104
  - 4.2.3 いくつの主成分を考えるべきか　105
  - 4.2.4 2種類の主成分分析　106
  - 4.2.5 例題　106
- **4.3** 主成分分析の応用　115

第5章　2値・多値データの回帰、ツリーモデル …… 116

- **5.1** 適用例　116
- **5.2** ロジスティック回帰分析　117
  - 5.2.1 ロジスティック回帰分析の考え方　118
  - 5.2.2 glm の出力結果の読み方　125
- **5.3** 多項ロジット分析　133

| | 5.4 | ツリーモデル　137 |

第6章　その他の手法 …………………………………………… 144
- **6.1** 判別分析　144
  - 6.1.1　1 変数を用いる判別（ $p=1$ ）　145
  - 6.1.2　2 変数を用いる判別（ $p=2$ ）　147
  - 6.1.3　判別方式の良さの評価　148
  - 6.1.4　例題　149
- **6.2** クラスター分析　154
  - 6.2.1　階層的クラスタリング　155
  - 6.2.2　非階層的クラスタリング　163
  - 6.2.3　モデルに基づく手法　166
- **6.3** 対応分析　171
  - 6.3.1　クロス集計表についての解析　174
  - 6.3.2　多重対応分析　177

付録A　パッケージ Rcmdr ………………………………………… 181
- **A.1** R コマンダーのしくみ　181
- **A.2** データのハンドリング　183
  - A.2.1　パッケージ内のデータセットのアクティブ化　183
  - A.2.2　アクティブデータセットの切り替え　183
  - A.2.3　データの切り出し　184
  - A.2.4　数値変数を因子に変換　187
  - A.2.5　変数変換　189
- **A.3** 分布　189

付録B　パッケージ Rcmdr.HH ……………………………………… 191
- **B.1** Rcmdr.HH の機能　191
  - B.1.1　変数選択-《Best subsets regression...(HH)》　191
  - B.1.2　単回帰分析における信頼区間・予測区間のプロット　193
  - B.1.3　QQ プロットと正規性の検定　194

付録C　Rcmdr および Rcmdr.HH のメニューツリー ……… 195

参考文献 ………………………………………………………………… 201

索　引 …………………………………………………………………… 205

第 1 章　問題解決と多変量解析

1.1　多変量解析法とは何か

あらゆる問題解決活動において、事実に基づく意思決定を行うことが大切である。そのため通常、調査の対象が持つ性質について観察したり計測したりすることによりデータを得る[1]。しかし、調査の対象を特徴づける性質は普通、多数ある。問題解決の初期のステップにおいて図 1.1 に示すような **特性要因図**[2] を作成するのはそのためである。こうした多数の要因および特性のデータを分析し、要因間の関係や特性と要因間の関係を数量的に把握するための手法に **多変量解析法** がある。実際には特性も 1 つとは限らず、複数の場合もある。

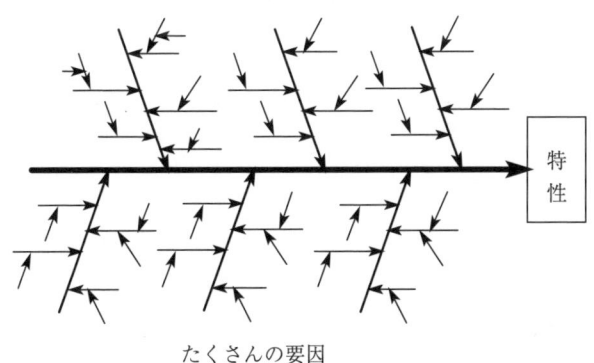

図 1.1　特性要因図

調査の対象は、人や企業、製品、機械、原材料などである。これらが持つ属性を計測して得られた数値がデータである。しかし、こうして得られたデータは常に、さまざまな原因によって ばらつく。つまり、異なる値を取り得る。こうしたばらつきを持つものを、**変数** または **変量**（variable）という。変数の性質をデータに基づいて科学

---

[1] ものの長さや重さを測ったり、不適合品やキズの数を数えたりするのも計測である。また、アンケートで、年齢を聞く、車を所有しているかどうかを聞く、自由記述で製品の魅力について聞くというのも計測である。

[2] 特性と要因との関係を整理するための図。石川 馨（かおる）が考案したことから、石川ダイアグラムとも呼ばれる。図 1.1 に示すように、特性を魚の頭、要因を階層的に大骨・中骨・小骨・孫骨というように魚の骨の形で図を作成する。品質管理では一般に、4M（Man：人、Machine：機械・装置、Material：原材料、Method：方法）に注目して要因を整理する。さらに、Measurement（測定）、Environment（環境）を要因として考えることもある。

するのが統計学である。そこで、多くの変数を同時に扱う多変量解析を学ぶにあたって、統計的考え方の基本を押さえておく必要がある。

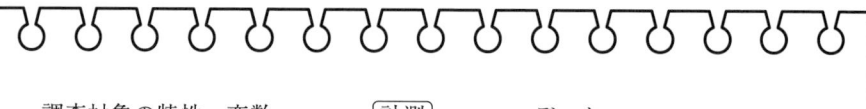

統計学では調査の対象を **母集団** という。例えば、ある製品の製造工程においてその製品に関する調査を行う場合、それらを生み出す工程が母集団である。このとき、母集団を構成する製品全てを厳密に調べるのは時間やコスト、その他の問題から現実的ではない。そこで、全てを調べるのではなく、その一部である **サンプル**（**標本**）を抽出し、調査する。抽出するサンプルに含まれる調査対象の個数を **サンプルの大きさ** といい、記号 n で表す。

統計的手法の目的は、サンプルについて調査することにより得られるデータから、母集団の特性を知ることにある。これらの関係を図 1.2 に示す。

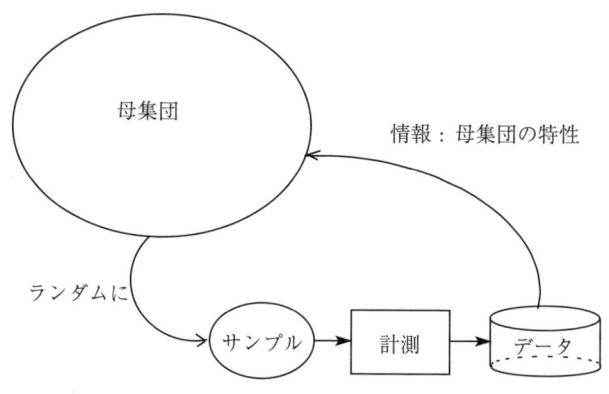

図 1.2　母集団とサンプル

問題を解決するには、問題を生じさせている原因に関する情報が必要である。そのためには、データを分析することにより原因間の関係を整理したり、原因と結果の関係を追求したりする作業が必要になる。

1.1.1 変数とデータのタイプ

計測の尺度にはさまざまあるので、変数およびデータにもさまざまなタイプがある。統計分析においては、大きく分けて、**質的変数**（文字変数、カテゴリ変数）・**質的データ**（定性データ、分類データ、カテゴリデータ、文字データともいう）と**量的変数**（数値変数）・**量的データ**（定量データ、数値データともいう）を把握しておく必要がある。

●質的変数・質的データ

質的変数は、その変数を計測したときに質的データを得るものをいう。質的データは対象の属性によって分類される項目である。製品を適合品や不適合品に分けたものや、アンケートの回答項目における性別などが、代表的な分類データである。

製品を1級品、2級品、3級品といったように分類するものも質的データであるが、これは単なる分類ではなく、分類項目間に自然な順序がついている。このようなデータを特に **順位データ** という。

質的データは基本的には記号で表されるデータとなるが、記号を便宜的に数値で置き換えることもよく行われる。そのとき、数値としての意味はない。ただし順位データに関しては、大きさの順には意味があるので、この情報をデータの分析の中でうまく役立てる工夫が必要となる。

●量的変数・量的データ

量的データは、長さや重さといった尺度で測って得られるデータであり、数値で得られる。キズの数や不適合品の数など、数えたり集計したりしたデータも量的データとして取り扱うことができる。

全てのデータはそれをサンプリングしたり計測したりした時点を属性として持つ。こうした、時間に関する情報を分析に利用すべきデータを **時系列データ** という。例えば、経済指標等の年次データや月次・週次・日次データ等も時系列データとして取り扱うのが普通である。これに対して、データを分析するにあたって時間という属性を無視してよいデータがある。こういうデータを **クロスセクションデータ** という。

1.1.2 多変量解析の諸手法

多変量解析の手法にはいろいろある。ここではその概略を見ておく。多変量解析の手法をどのような変数を取り扱うかによって分類すると表1.1のようになる。

◆本書で扱う手法

① 回帰分析（単回帰・重回帰分析）　ある特性を他の変数で説明したり、予測したりするための手法。目的変数が質的変数のとき、数量化Ⅰ類という。また、目的変数が量

表 1.1 取り扱う変数の性質による手法の分類

解析手法	目的変数 y	説明変数 x	潜在変数
回帰分析 ※	量的	量的・質的	なし
判別分析 ※	質的	量的	なし
ツリーモデル ※	量的・質的	量的・質的	なし
正準相関分析	量的	量的	なし
グラフィカルモデリング	量的・質的	量的・質的	なし
一般化線形モデル ※	量的・質的	量的・質的	なし
主成分分析 ※	なし	量的	なし
クラスター分析 ※	なし	量的・質的	なし
因子分析	なし	量的・質的	あり
対応分析 ※	なし	質的	なし

※ 本書で取り扱う手法

的で、説明変数に量的変数と質的変数が混在するとき、共分散分析ということもある。
② **主成分分析** 多数の変数があるとき、それらを少数個の変数（主成分という）に要約するための手法。その際、できるだけ情報を損失しないように工夫する。変数が全て質的変数のとき、数量化 III 類または対応分析という。
③ **判別分析** 調査対象をいくつかのグループに分けることができるとき、サンプルデータに基づいて個々の対象がどのグループに属するかを知るための手法。説明変数も質的であるとき、数量化 II 類という。
④ **ロジスティック回帰分析** 目的変数が 2 値を取るとき、そのいずれかの確率をロジット変換した値を説明変数に回帰させる手法。一般化線形モデルという手法の特殊な場合として位置づけることができる。目的変数が多値を取る場合の手法として、多項ロジット分析がある。
⑤ **クラスター分析** 分析対象の"距離"をデータから求め、その距離を用いてサンプルをグループにまとめるための手法。
⑥ **ツリーモデル** 非線形回帰分析の一種。目的変数、説明変数とも量的変数、質的変数のいずれであってもよい。樹状のグラフを作成して結果を表示するという特徴を持つ。目的変数が量的変数のとき回帰木、質的変数のとき決定木ともいう。
◆その他の手法
⑦ **正準相関分析** 多くの変数から 2 つの変数の集まりを構成して、それら 2 つの変数の集まりの関係を分析するための手法。目的変数が複数の回帰分析。
⑧ **グラフィカルモデリング** 変数間の（偏）相関によって因果関係を導出するための手法。関係のあり方を表すパスダイアグラムを作成しながら解析していく。**潜在変数**（直接観測できない変数）は扱わない。

⑨ **因子分析**　いくつかの量的変数が少数の潜在変数で説明されると想定できるときに、その潜在因子をみつけるための手法。

⑩ **共分散構造分析**　潜在変数および観測可能な変数との間の因果関係を知るための手法。因子分析と回帰分析を結合した分析法と考えることができる。

1.2　データのまとめ方

1.2.1　データのスタイル

調査の対象を特定する項目は、普通、複数個ある。調査の対象は、製品や人、機械、原材料などである。これらはさまざまな特性を持っている。これらの特性を計測した結果、データを得る。こうしたデータを表記するとき、データに"名前"をつけておくと便利である。また、それにより一般的な取り扱いが可能となる。

調査対象（以下、サンプルという）の数、つまりサンプルの大きさを n、特性の数を p, q とする。データを x, y 等で表し、i 番目のサンプルの j 番目のデータを x_{ij}, y_{ij} とすると、データは表 1.2 のような形で表現することができる。ここでは、**行**（row）が調査対象であり、**列**（column）に調査対象が持つ共通の性質を並べている。このように、行と列が交叉する位置にデータを並べたものを **データ行列** という。多変量解析は、変数を複数個（3つ以上）同時に扱う手法の体系ということができる。

表 1.2　データ行列

サンプル No.	x_1	x_2	$\cdots$	x_j	$\cdots$	x_p	y_1	$\cdots$	y_q
1	x_{11}	x_{12}	$\cdots$	x_{1j}	$\cdots$	x_{1p}	y_{11}	$\cdots$	y_{1q}
$\vdots$	$\vdots$	$\vdots$	$\ddots$	$\vdots$	$\ddots$	$\vdots$	$\vdots$	$\ddots$	$\vdots$
i	x_{i1}	x_{i2}	$\cdots$	x_{ij}	$\cdots$	x_{ip}	y_{i1}	$\cdots$	y_{iq}
$\vdots$	$\vdots$	$\vdots$	$\ddots$	$\vdots$	$\ddots$	$\vdots$	$\vdots$	$\ddots$	$\vdots$
n	x_{n1}	x_{n2}	$\cdots$	x_{nj}	$\cdots$	x_{np}	y_{n1}	$\cdots$	y_{nq}

1.2.2　データ分析の基本的考え方

データを集める目的は、問題を客観的・合理的に解決するための情報をデータから得ることにある。ここではそのための基本的な考え方を学ぶ。多変量解析というと、いきなり難しい手法を適用するイメージがあるかもしれないが、多変量解析においても、まずは

a) 個別の変数を分析し、

   b) 2つの変数間の関係を分析していく

という基本的分析が重要である。また、このとき、

   ① グラフにまとめ、

   ② 数値にまとめる

ことが重要である。すると、

   a) で、① および ②

   b) で、① および ②

を行う必要がある。

このように多変量解析においても、まずは変数を1つずつ分析し、次に、2つずつペアで分析することから出発する。このとき、データをグラフ化することによりデータを吟味し、分析することが重要である。

1.2.3　1変数の分析

変数を1つずつ分析する。この1変数としての分析は、基本的に、変数の分布が **正規分布**（Normal distribution）[3]であるかどうかのチェックが中心となる。なぜなら、伝統的な統計手法の多くは、正規分布を基礎とする理論になっているからである。そのための最も代表的なグラフ化の手法が、**ヒストグラム**（histogram）である。ヒストグラムを描くことにより、母集団の分布が左右対称の1山型である一般型かどうか、つまり正規分布と考えてよいかどうかを確認する。これが確認できた後、数値によるまとめを行う。ここではデータ $\{x_1, x_2, \ldots, x_n\}$ に対する基本的な **統計量**、つまり、

- 最大値（max）、最小値（min）
- 平均（mean）$\bar{x}$
- メディアン（median）$\tilde{x}$：データを大きさの順に並べたときの中央の値（中央値または50％点ともいう）
- 分散 （<u>v</u>ariance: **var**）s^2 または V （不偏分散ともいう）
- 標準偏差 （<u>s</u>tandard <u>d</u>eviation: **sd**）s または $\sqrt{V}$

などを求める[4]。かっこ内の太字の英語名は、Rの関数名でもある。

$\bar{x}$ や $\tilde{x}$ は、正規分布の母数（パラメータ）の1つである **母平均** μ に関する情報を

---

3) 一般に正規分布を $N(\mu, \sigma^2)$ と表す。μ および σ^2 を **母数（パラメータ）** といい、正規分布を特徴づける値である。μ を母平均、σ^2 を母分散という。これに対して、平均値や（不偏）分散、最大値・最小値などのようにデータから計算する値を **統計量** という。正規分布の密度関数のグラフは、母平均 μ を中心とする左右対称の1山型である。

4) 他に、分布の対称性・非対称性の尺度である歪度・ひずみ（**skewness**）や、分布の裾の長さ・重さの尺度である尖度・とがり（**kurtosis**）を求めることもある。

得るために求める。また、s^2 は、もう 1 つの母数である **母分散** σ^2 に関する情報を得るために求める[5]。

ヒストグラム以外で、分布の形を確認したり外れ値の存在を確認したりするためによく用いられるグラフ化の手法として、**箱ひげ図**（box-whisker plot）や **QQ プロット**（Quantile-Quantile plot）がある。

箱ひげ図は、**四分位数**[6]を利用してデータを図示する。第 3 四分位数 Q_3 から 第 1 四分位数 Q_1 の範囲を箱で表し（この範囲はデータの半数を含む）、メディアン（50 %点）の位置に線を引く。そして、箱の両端から外側に、データがばらつく可能性がある範囲までひげを伸ばす[7]。ひげの外側にデータがあればそれを点で示し、外れ値である可能性を示唆する。また、箱の中のメディアンの位置、および両端のひげの長さを比較することにより、分布の対称性を確認できる。

QQ プロットは、理論分布とデータとを直接比較する図である。理論分布のパーセント点とデータのパーセント点との散布図であり、データがその理論分布に近ければ近いほど、点の並び方が直線に近くなるという原理に基づいている。外れ値があると、直線から離れてデータがプロットされる。また、比較する理論分布から離れると、点の並び方に曲線的なパターンが現れる。**正規確率プロット** は QQ プロットの正規分布版であり、**正規 QQ プロット** ともいう。

最近では、分布（密度関数）そのものを直接推定する手法である **密度推定**（density estimation）を利用することも多くなっている。これをグラフ化したものを **密度プロット** という。

このように、平均や分散といったデータから計算する値である統計量は、母分散や母平均といった未知の母数を推測する役割を果たす。ヒストグラム、箱ひげ図、QQ プロットといったデータを用いて描く図は、未知の分布を推測する役割を果たす。これらの関係を図 1.3 に示す。

母集団の分布が正規分布であると考えることができるとき、この母集団を **正規母集団** という。このとき、未知なのは母平均 μ および母分散 σ^2 のみなので、統計的推測の対象はこれら 2 つに限定される。

---

[5] 母平均や母分散の「母」は、母集団または母数を意味し、未知の真の平均、真の分散をさす。
[6] データを大きさの順に並べたとき、データを小さい方から 25 %ずつの組に分割する値で、第 1 四分位数 Q_1：25 % 点、第 2 四分位数：50 %点（メディアン）、第 3 四分位数 Q_3：75 %点の 3 つがある。これを一般化したものが分位点（パーセント点）である。
[7] $1.5 \times (Q_3 - Q_1)$ 内で、データがあるところまで伸ばす。なお、$Q_3 - Q_1$ を **四分位範囲**（IQR：interquartile range）という。

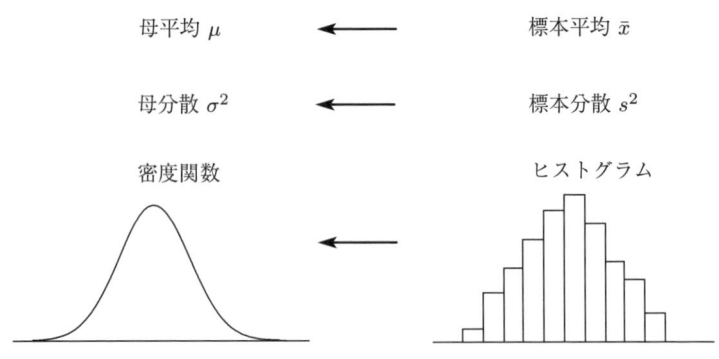

図 1.3 推定の意味

1.2.4 2変数の関係の分析

2変数 x, y 間の関係を分析するためのグラフが**散布図**（scatter diagram）である。散布図を描くことにより、2つの変数のばらつき方が、楕円形になっているかどうかを確認する。これは、2変数の母集団分布を考えたとき、それが **2 次元正規分布**であると考えて良いかどうかを確認することに対応する。ヒストグラム等の場合と同様、外れ値があるときはその原因を調べる必要がある。また、曲線的な関係がある場合は、分析を進めるにおいてデータの変換等の工夫を行う。

変数 x, y の散布図を描いたとき、外れ値がなく、直線的な関係であると判断できるとき、ピアソン（Pearson）の**相関係数**（correlation coefficient）r_{xy} を用いて変数間の直線的関係の強さを把握しておく。

参考 — 代表的な統計量の定義

平均 $\overline{x} = \dfrac{\sum_{i=1}^{n} x_i}{n}$

分散 $s^2 = V = \dfrac{\sum_{i=1}^{n}(x_i - \overline{x})^2}{n-1}$

標準偏差 $s = \sqrt{s^2}$

相関係数 $r_{xy} = \dfrac{\sum_{i=1}^{n}(x_i - \overline{x})(y_i - \overline{y})}{\sqrt{\sum_{i=1}^{n}(x_i - \overline{x})^2 \sum_{j=1}^{n}(y_j - \overline{y})^2}}$

分析のステップ
1) **1 変数としての分析**
   (a) ヒストグラム、箱ひげ図、QQ プロット、密度プロットを作成して、分布の形を考察
      - 外れ値はないか ⇒ ある ⇒ データの吟味
      - 分布は一般型か ⇒ 一般型でない ⇒ 層別・データの変換
   (b) 基本統計量の計算：数値による分布の特徴の把握
      - 平均・分散（標準偏差）・パーセント点
2) **2 変数としての分析**
   (a) 散布図（散布図行列）を作成して、分布の形を考察
      - 外れ値はないか ⇒ ある ⇒ データの吟味
      - 関係は直線的か ⇒ 直線的でない ⇒ 層別・データの変換
   (b) 基本統計量の計算：数値による関係の強さの把握
      - 相関係数
3) **多変量解析**

1.2.5 多変数をまとめて取り扱う

多変量解析では複数の変数を取り扱う必要がある。そのとき、ヒストグラムおよび散布図を1つひとつ作成するのは面倒である。Rは、こうした作業を簡単にするため、すべての1変数としてのプロット（ヒストグラム、箱ひげ図他）および散布図を一度に描く **散布図行列**（scatter matrix）を作成する機能を持つ。よって、分析のスタートにおいては、まず散布図行列を作成して1変数および2変数としてのグラフによる分析を行うとよい。詳細な分析が必要なものについては、個別の図を作成して吟味する。

相関係数に関しても同じである。散布図行列同様、全ての変数の組合せの相関係数を同時に求めることができる。これを **相関行列**（correlation matrix）という。散布図行列および相関行列に関しては、次節の例で具体的に見る。

1.3 例：紙幣データ

表 1.3 に示すデータは、スイスの紙幣（banknote）の部位のサイズを計測したものである[8]。このデータを用いて基本分析の方法を学ぶ。

表 1.3 紙幣データ

	Length	Left	Right	Bottom	Top	Diagonal	Y
1	214.8	131.0	131.1	9.0	9.7	141.0	真
2	214.6	129.7	129.7	8.1	9.5	141.7	真
3	214.8	129.7	129.7	8.7	9.6	142.2	真
4	214.8	129.7	129.6	7.5	10.4	142.0	真
5	215.0	129.6	129.7	10.4	7.7	141.8	真
6	215.7	130.8	130.5	9.0	10.1	141.4	真
⋮	⋮	⋮	⋮	⋮	⋮	⋮	⋮

紙幣データは次の 7 つの変数を持つ。

- Length：札の長さ（単位：mm）
- Left：左のエッジの幅（単位：mm）
- Right：右のエッジの幅（単位：mm）
- Bottom：ボトムマージンの幅（単位：mm）
- Top：トップマージンの幅（単位：mm）
- Diagonal：イメージ部分の対角の長さ（単位：mm）
- Y：真（真札）、偽（贋札）

変数 Y は質的変数、他は全て量的変数である。ここではこのデータを用いて 1 変数として、そして 2 変数としての分析の方法を見る。

手順 1 R およびパッケージ Rcmdr（R コマンダー）の起動

デスクトップにある R のショートカットをダブルクリックする。あるいは、Windows の《スタート》▶《プログラム》▶《R》▶《R2.5.1》を選択する。R が起動すると同時に R コマンダーも起動する（図 1.4）[9]。

R コマンダーを別に起動する必要がある場合は、次のいずれかで行う。

- R Console（R コンソール）に

---

[8] R のパッケージ **alr3** のデータセット **banknote** より。ただし、変数 Y の値に関して、「0」を「真」、「1」を「偽」に変更している。この方法に関しては付録 A.2.4（187 ページ）参照。

[9] R の起動とともに R コマンダーも起動する設定に関しては、荒木 [1] 参照。

1.3 例：紙幣データ

```
┌─ R Console ─────────────────
│ > library(Rcmdr)
└─────────────────────────────
```

と入力する。なお、**library()** はパッケージを起動する関数で、**library(パッケージ名)** の形で用いる。関数やデータセットの利用に際して R やパッケージが備えているヘルプシステムを利用すると良い[10]。

- R の《パッケージ》▶《パッケージの読み込み》を選択し、リストから Rcmdr を選択して OK 。

―――――――― 参考 ――――――――
- R では大文字と小文字を区別して入力する必要があるので注意。
- R のパッケージのインストールが必要な場合、次のようにする。
  R Console の《パッケージ》▶《CRAN ミラーサイトの設定》より、「Japan(Aizu)」「Japan(Tokyo)」「Japan(Tsukuba)」のいずれかを選択し、 OK 。次に、《パッケージ》▶《パッケージのインストール》よりパッケージの一覧を表示し、インストールしたいものをマウスで選択して OK 。このとき、 Ctrl （コントロール）キーを押しながら、複数のパッケージを選択することもできる。インターネットに接続されている必要があるので注意。

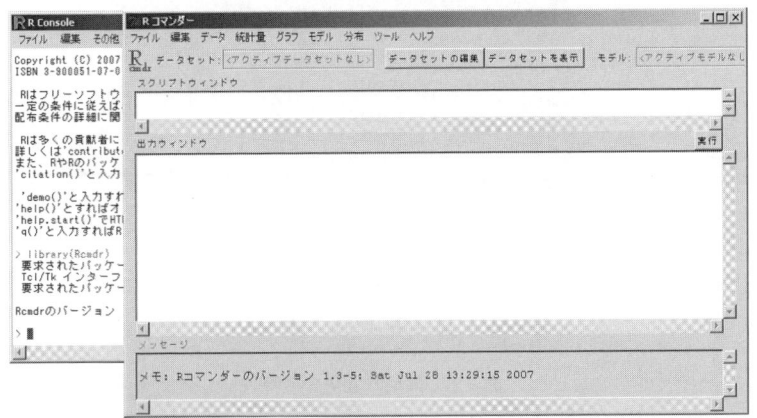

図 1.4　R および Rcmdr の初期画面

手順 2　データのインポート（読み込み）

R コマンダーの《データ》▶《データのインポート》▶《テキストファイルまたはクリップボードから》を選択する（図 1.5）。表示されたダイアログボックスで、「フィー

---

10) ヘルプを利用するには
　　help(関数名) または **?関数名**、**?データセット名**
を R Console に入力する。

ルドの区切り記号」を「カンマ」に変更して OK （図 1.6）。読み込みたいファイルを指定する[11]。データの読み込みが終了し、図 1.7 となる。読み込んだ際につけたデータセット名（今は「Dataset」）が、図 1.7 の上部にある［データセット］欄に表示される。このウィンドウに表示されているデータセットを **アクティブデータセット** という。読み込みが終了すると下部にある［メッセージ］欄に読み込んだデータセットにつけた名前（Dataset）、行数と列数（200 行、7 列）が表示される。

読み込みが終了すると、データセットを表示をクリックして、データセットの内容を表示して確認するとよい。

図 1.5　データのインポート

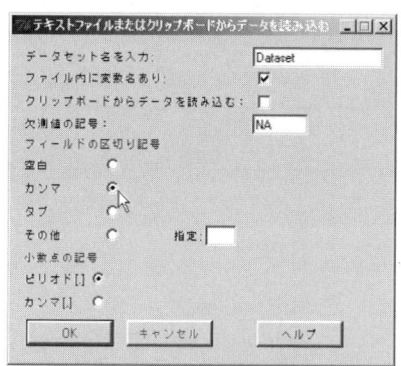

図 1.6　区切り記号の変更

手順 3　数値による基本解析
（1）基本統計量

まず基本統計量を求める。それには《統計量》▶《要約》▶《アクティブデータセット》を選択する。変数を全て指定して OK をクリックすると、結果が出力ウィンドウに表示される。

11）データファイルを作成する場合も、カンマ区切り形式（csv）を指定する。そのためには、表計算ソフトを利用してデータを入力し、保存する際に、カンマ区切り形式を指定する。

1.3 例：紙幣データ

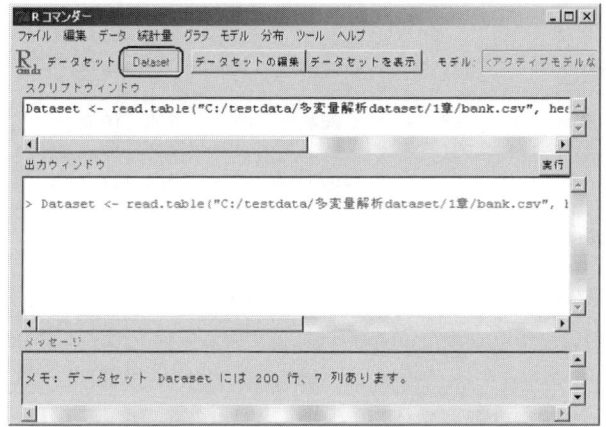

図 1.7　データのインポート終了画面

```
―[出力ウィンドウ] データセットの要約情報 ――――――――――――
> summary(Dataset)
     Length          Left            Right           Bottom
 Min.   :213.8   Min.   :129.0   Min.   :129.0   Min.   : 7.200
 1st Qu.:214.6   1st Qu.:129.9   1st Qu.:129.7   1st Qu.: 8.200
 Median :214.9   Median :130.2   Median :130.0   Median : 9.100
 Mean   :214.9   Mean   :130.1   Mean   :130.0   Mean   : 9.418
 3rd Qu.:215.1   3rd Qu.:130.4   3rd Qu.:130.2   3rd Qu.:10.600
 Max.   :216.3   Max.   :131.0   Max.   :131.1   Max.   :12.700
      Top           Diagonal         Y
 Min.   : 7.70   Min.   :137.8   偽:100
 1st Qu.:10.10   1st Qu.:139.5   真:100
 Median :10.60   Median :140.4
 Mean   :10.65   Mean   :140.5
 3rd Qu.:11.20   3rd Qu.:141.5
 Max.   :12.30   Max.   :142.4
```

　なお、出力ウィンドウ中で、**summary()** は要約統計量を求める関数である。

　数値変数に対しては、最小値（Min.，0％点）、25％点（Q_1，1st Qu.）、メディアン（Median，50％点）、平均（Mean）、75％点（Q_3，3rd Qu.）、最大値（Max.，100％点）が表示される。質的変数（Y）に対しては、データの個数が表示される[12]。

　平均値、標準偏差、分位点（パーセント点）を求めたい場合は、R コマンダーの《統計量》▶《要約》▶《数値による要約》を選択する。要約したい変数を 1 つ以上選択し、OK。結果が出力ウィンドウに表示される。

---

12) このとき、質的変数に関して Min. や Median 等の統計量が計算されていると、質的変数として認識されていないことになるので、データのタイプを変更する必要がある。

13

― ［出力ウィンドウ］数値による要約 ―
```
>numSummary(Dataset[,c("Bottom", "Diagonal", "Left", "Length", "Right", "Top")],
          statistics=c("mean", "sd", "quantiles"))
              mean        sd    0%    25%    50%     75%   100%   n
Bottom      9.4175 1.4446031   7.2    8.2   9.10  10.600   12.7 200
Diagonal  140.4835 1.1522657 137.8  139.5 140.45 141.500  142.4 200
Left      130.1215 0.3610255 129.0  129.9 130.20 130.400  131.0 200
Length    214.8960 0.3765541 213.8  214.6 214.90 215.100  216.3 200
Right     129.9565 0.4040719 129.0  129.7 130.00 130.225  131.1 200
Top        10.6505 0.8029467   7.7   10.1  10.60  11.200   12.3 200
```

層別した要約統計量を求めたい場合、《数値による要約》のダイアログボックスで、［層別して要約］をクリックし、層別変数（今の場合「Y」）を指定して［OK］（図 1.8）[13]。結果が出力ウィンドウに表示される。なお、出力中の「・・・・」は、出力の一部を省略していることを意味する。

― ［出力ウィンドウ］数値による要約—層別した場合 ―
```
Variable: Bottom
       mean        sd   0%  25%  50%   75%  100%   n
偽   10.530 1.1319510  7.4  9.9 10.60 11.4  12.7 100
真    8.305 0.6428118  7.2  7.9  8.25  8.8  10.4 100


Variable: Diagonal
        mean        sd    0%   25%   50%   75%  100%   n
偽   139.450 0.5578639 137.8 139.2 139.5 139.8 140.6 100
真   141.517 0.4470001 139.6 141.2 141.5 141.8 142.4 100
・・・・
```

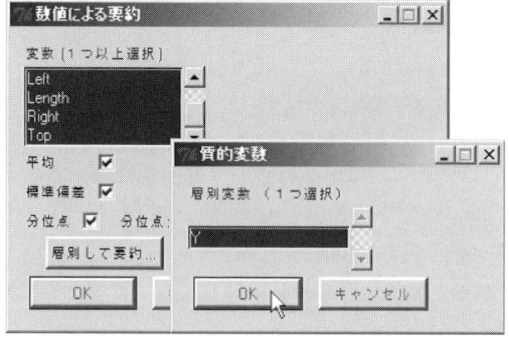

図 1.8　数値による要約—層別

---

[13]　［層別して要約］する機能を利用するには、変数が **因子**（factor）というタイプである必要がある。詳細に関しては付録 A.2.4（187 ページ）参照。

(2) 相関行列

相関行列を求めるには、《統計量》▶《要約》▶《相関行列》より変数を指定して OK 。結果が出力ウィンドウに表示される。相関の絶対値が 0.6 を超えているのは、Bottom と Diagonal（ −0.623: 負の相関）、Right と Left（ 0.743: 正の相関）である。

───［出力ウィンドウ］相関行列───
```
> cor(Dataset[,c("Bottom","Diagonal","Left","Length","Right","Top")],
        use="complete.obs")
              Bottom   Diagonal        Left      Length       Right         Top
Bottom     1.0000000 -0.6229827   0.4137810 -0.18980092   0.4867577  0.14185134
Diagonal  -0.6229827  1.0000000  -0.5032290  0.19430146  -0.5164755 -0.59404464
Left       0.4137810 -0.5032290   1.0000000  0.23129257   0.7432628  0.36234960
Length    -0.1898009  0.1943015   0.2312926  1.00000000   0.1517628 -0.06132141
Right      0.4867577 -0.5164755   0.7432628  0.15176280   1.0000000  0.40067021
Top        0.1418513 -0.5940446   0.3623496 -0.06132141   0.4006702  1.00000000
```

出力ウィンドウ中の関数 **cor()** は、データセット内の変数が 2 つの場合は相関係数（correlation coefficient）を、3 つ以上の場合は相関行列を求める関数である。

手順 4 散布図行列

散布図行列より、1 変数の分布と散布図の状況を大まかに見ることができる。散布図行列は、行と列に変数を取り、異なる変数の組合せ箇所には散布図を、同一変数の組合せ箇所（対角部分）には 1 変数としてのグラフを描くものである。R コマンダーでは、同一変数の組合せに対しては標準で密度プロットが作成されるが、他に、ヒストグラム、箱ひげ図、正規 QQ プロット、無し（空白）を選択することができる。

散布図行列を作成するには、R コマンダーの《グラフ》▶《散布図行列》を選択する。変数を指定するダイアログボックスが表示されるので、必要な変数を指定し[14]、OK （図 1.9）。散布図行列（図 1.10）が表示される。今、量的変数が 6 つあるため、6 行 6 列の行列の形で図が配置されているが、右上三角部分と左下三角部分は、行と列を入れ替えただけなので、本質的に同じ情報を持つ。よって、どちらか一方を見ればよい。

図 1.10 より、変数 Diagonal に関する部分は、密度プロットが 2 山型になっていたり、散布図が 2 つの部分に分かれていたりと、層別を行う必要性が見られる。このデータに関しては、贋札と真札のデータが混合されているため、当然といえる。

質的変数（層別要因）がある場合、層別の散布図行列を作成することができる。そ

---

[14] 複数の変数を指定する場合、最初の変数名をクリックした後、最後の変数名を Shift キーを押しながらクリックする。指定する範囲が連続しているなら、マウスボタンを押したままドラッグしても良い。Ctrl キーを押しながらクリックし、1 つずつ追加していくことも可能。

第1章 問題解決と多変量解析

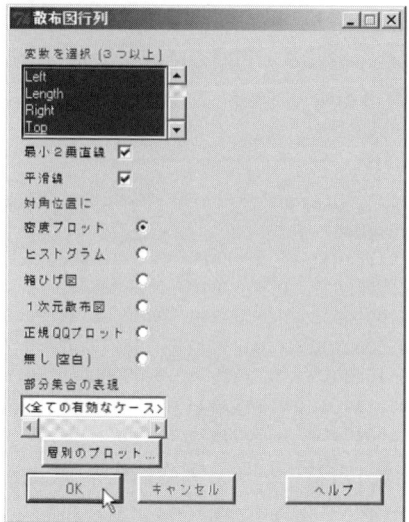

図1.9 散布図行列のダイアログボックス

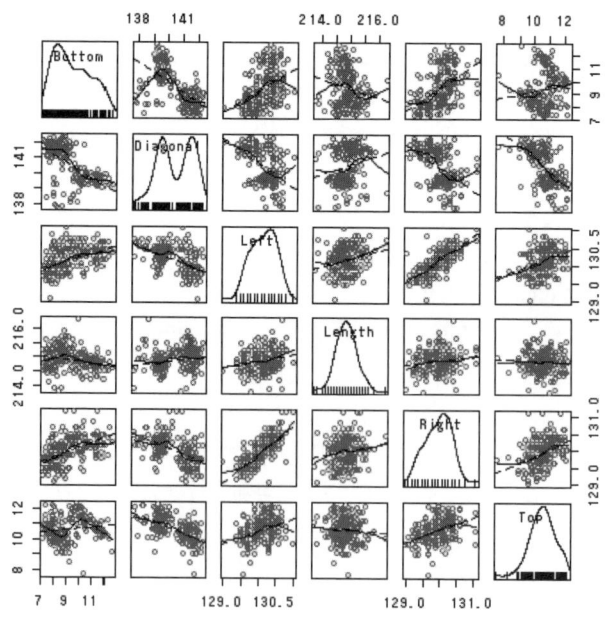

図1.10 散布図行列——対角部分は密度プロット

れには、散布図行列のダイアログボックス（図 1.9）で、層別のプロットをクリックして層別変数（今の場合「Y」）を指定し、OK。図 1.11 に示す層別の散布図行列が表示される。

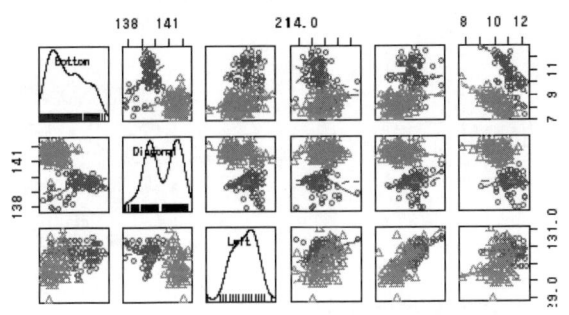

図 1.11　層別の散布図行列（一部のみ表示）

　詳細に検討する必要があるグラフについては、それを単独で作成する。ヒストグラムを作成するには《グラフ》▶《ヒストグラム》より、変数を指定して OK。変数 Diagonal のヒストグラムを図 1.12 に示す。散布図に関しては、《グラフ》▶《散布図》で表示される散布図のダイアログボックス（図 1.14）で、「x 変数」（横軸に取る変数；図では Bottom を指定）および「y 変数」（縦軸に取る変数；図では Diagonal）を指定して OK（図 1.15 参照）。ダイアログボックスの中で、

- 点の確認：散布図作成後、点の周辺をクリックすることにより、サンプル番号等を表示
- ゆらぎを与えて点を表示：同じデータがある場合、少しずらして表示
- 周辺箱ひげ図の記入
- 最小 2 乗直線（線形回帰直線）の記入
- 平滑線（ノンパラメトリックな回帰曲線）の記入
- 層別変数の指定
- x 軸・y 軸ラベルの指定
- 点・軸テキスト・軸ラベルの大きさを調整

などが可能である。
　作成した図は、

- 図の上でマウスを右クリックして「メタファイルにコピー」または「ビットマップにコピー」（図 1.13）
- グラフィックスウィンドウの《ファイル》▶《クリップボードにコピー》

のいずれかにより、ワープロや表計算ソフトに貼りつけて利用することができる。

第 1 章 問題解決と多変量解析

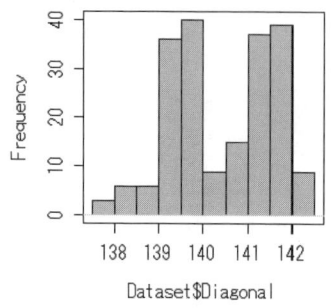

図 1.12 ヒストグラム（変数 Diagonal）

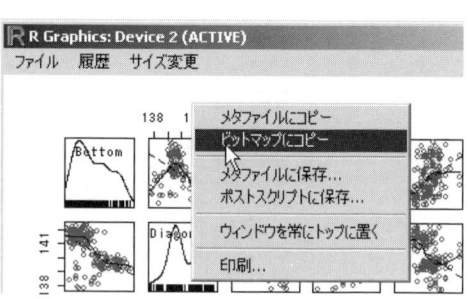

図 1.13 作成した図の保存

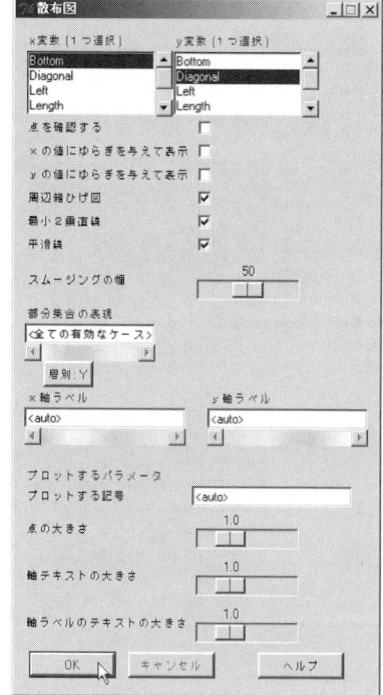

図 1.14 散布図のダイアログボックス

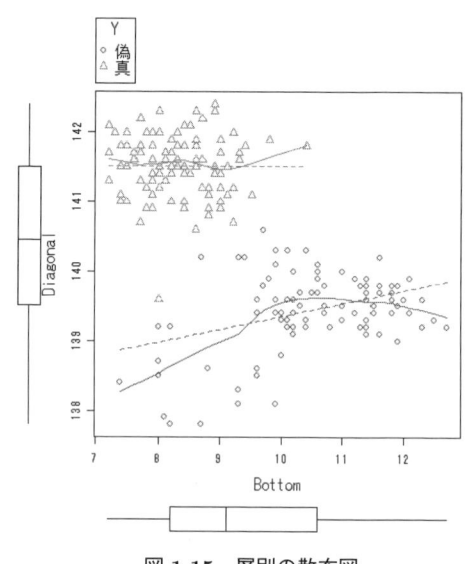

図 1.15 層別の散布図

第2章 単回帰分析

2.1 適用例

ある接着剤の粘度について考えてみよう。製品粘度に影響する、主要な要因の1つである原料粘度を取り上げ、両者の関係を調べるため、30組のデータを入手した。データを表2.1に示す（粘度の単位は、Nm）。

表2.1 原料粘度と製品粘度のデータ表

No.	原料粘度	製品粘度	No.	原料粘度	製品粘度	No.	原料粘度	製品粘度
1	9.5	14.8	11	9.4	15.4	21	9.7	15.6
2	9.0	13.9	12	9.3	14.7	22	10.3	16.8
3	9.2	14.7	13	9.6	15.7	23	10.5	16.6
4	8.7	13.8	14	9.7	15.3	24	10.4	16.2
5	8.6	13.3	15	10.1	16.2	25	10.7	16.9
6	8.7	13.5	16	10.1	15.7	26	10.4	16.6
7	9.0	13.7	17	9.9	16.1	27	10.6	16.3
8	9.6	14.8	18	9.6	15.4	28	10.3	15.9
9	9.5	15.1	19	10.2	15.8	29	10.6	16.5
10	9.2	15.1	20	9.8	15.5	30	9.1	14.3

原料粘度を横軸に、製品粘度を縦軸に取り散布図を作成すると図2.1のようになる。特に外れ値はなく、原料粘度が高くなるほど製品粘度が高くなるという傾向が見られ、その相関関係はかなり強いことがわかる（相関係数 $r = 0.950$）。両者の関係は、1本の右上がりの直線で表現することができそうである。すなわち、原料粘度 x と製品粘度 y の関係は

$$製品粘度\,(y) = 定数\,(\beta_0) + 傾き\,(\beta_1) \times 原料粘度\,(x) + 誤差\,(\varepsilon) \qquad (2.1)$$

という1次式で表すことができるように思われる。このとき、データから係数 β_0 や β_1 の値を推定することができれば、製品粘度の予測や、ある製品粘度を確保するために必要な原料粘度の水準を知ることができる。

本章では、上記のような疑問に答えていくために、**回帰分析**（regression analysis）の手法について、そのもっともシンプルな場合である原因を1つにしぼった単回帰分析について学んでいく。

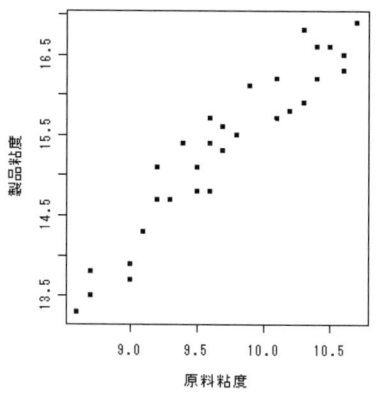

図 2.1　原料粘度と製品粘度の散布図

2.2　回帰分析とは

　回帰分析とは、ある現象について、結果と原因の量的関係をつかむ手法である。2.1 節で見た「原料粘度と製品粘度」以外にも、「所得と消費」「広告費と売り上げ」などさまざまな原因と結果（特性）の関係が考えられる。両者の関係を知ることができれば、原因の条件を変えたときの特性値を予測したり、ある特性を実現するために必要な条件を知ったりすることができる。

　原因となる変数を **説明変数** あるいは **独立変数** と呼ぶ。結果となる変数を **目的変数** あるいは **従属変数**、**被説明変数** と呼ぶ。基本的に、説明変数および目的変数はどちらも量的変数である場合を考えるが、第 3 章 3.7 節で述べるように、説明変数として質的変数の利用も可能である。

　一般に、説明変数 $x_1, x_2, \ldots, x_p$ と目的変数 y の関係を、関数 f を用いて数学的に表現することができる。

$$y = f(x_1, x_2, \ldots, x_p) \tag{2.2}$$

実際のデータは誤差 ε を伴って観察されるので

$$y = f(x_1, x_2, \ldots, x_p) + \varepsilon \tag{2.3}$$

と表現できる。関数 f はさまざまな形を取り得るが、もっともシンプルな場合は次式の **線形回帰モデル** である。

$$y = \beta_0 + \beta_1 x_1 + \beta_2 x_2 + \cdots + \beta_p x_p + \varepsilon \tag{2.4}$$

線形回帰モデルで、説明変数が 1 つの場合（$p=1$）を **単回帰モデル**、説明変数 p が 2 以上の場合を **重回帰モデル** と呼ぶ。この章では単回帰モデルを、第 3 章で重回帰モデルを説明する。$f(x_1, x_2, \ldots, x_p)$ が $x_1, x_2, \ldots, x_p$ の非線形な式、例えば 指数関数、分数関数、対数関数、多項式関数（2 次関数を含む）などで表されるときを **非線形回帰モデル** という。これについては 2.8.2 項で触れる。また、それぞれの回帰モデルについて、**繰り返し** のある場合（同じ x の値に対して y の値が複数個観察される場合）と繰り返しのない場合があり得る。

この章では、まず、繰り返しのない場合について、回帰における母数（回帰母数）の推定量の代表的な求め方である最小 2 乗法について説明し（2.3 節）、推定結果の全体としての説明力である寄与率（2.4 節）や、回帰母数や母回帰の検定や推定について学ぶ（2.5 節）。同様の手順は繰り返しのある場合にも適用できるが、この場合ではモデルの線形性について検討することもできる（2.7 節）。2.6 節と 2.7 節では、それぞれ繰り返しのない場合、ある場合の事例について紹介する。

以上の分析手順に従って回帰分析を行った場合、解析結果が思わしくない場合も生じる。このときは、散布図によりデータの動きを検討したり、回帰診断と総称されるモデルについてのさまざまな検討を行い、洗い出した問題に応じて、適宜、拡張した分析を行っていかなければならない（2.8.1 項）。拡張の方法には、

- 他の重要因がある場合にはそれをも含めた重回帰分析を行う（第 3 章）
- 非線形の関係が見られた場合には非線形モデルの推定を行う（2.8.2 項）
- 外れ値が見られた場合には、データを吟味したりダミー変数を用いた回帰分析を行ったりする

などがある。

2.3　最小 2 乗法

説明変数が 1 つの単回帰モデルを考える。母集団において、説明変数 x と目的変数 y の間に

$$y = \beta_0 + \beta_1 x \tag{2.5}$$

という関係が成り立っているとしよう。これを **母回帰式** と呼び、それに対応する直線を **母回帰直線** と呼ぶ。

実際のデータは、誤差 ε を伴って観察されるので、y と x の関係は

$$y = \beta_0 + \beta_1 x + \varepsilon \tag{2.6}$$

と表される。今、n 組のデータ $(x_1, y_1), (x_2, y_2), \ldots, (x_n, y_n)$ が得られたとすると、各観測値において

$$y_i = \beta_0 + \beta_1 x_i + \varepsilon_i \qquad (i = 1, 2, \ldots, n) \tag{2.7}$$

が成立している。ここで、切片 β_0 および傾き β_1 は **回帰母数** と呼ばれる未知の定数である。

回帰分析の第一歩は、n 個の観測値から、回帰母数 β_0, β_1 の推定量 $\widehat{\beta_0}$, $\widehat{\beta_1}$ [1]の値を得ること、ひいては母回帰式の推定式 $\widehat{y} = \widehat{\beta_0} + \widehat{\beta_1} x$ を求めることである。

さて、もし標本がランダムに取り出され、測定ミス等もないとすれば、確率変数である誤差 ε は次の 4 つの性質を満足していると想定してよいであろう。

1) 不偏性：それぞれの誤差の期待値は 0 である（$E(\varepsilon_i) = 0$）
2) 等分散性：それぞれの誤差の分散は一定値 σ^2 である（$V(\varepsilon_i) = \sigma^2$）
3) 独立性：互いに異なる誤差は独立である（$Cov(\varepsilon_i, \varepsilon_j) = 0$, $i \neq j$）
4) 正規性：誤差は正規分布に従う

これらの 4 つの仮定をまとめて、次のように表す[2]。

$$\varepsilon_1, \varepsilon_2, \ldots, \varepsilon_n \overset{i.i.d.}{\sim} N(0, \sigma^2) \tag{2.8}$$

図 2.2 は、母回帰直線と観測値および誤差の関係を示している。y と x の間には、真の関係として、母回帰式 $y = \beta_0 + \beta_1 x$ が存在している。しかし、実際のデータはばらつきをもっており、この直線の上下にずれる。誤差は、真の関係と実現値のずれである。各データはランダムに生じているので、異なる x の水準に対応する誤差が互いに影響し合うことはない（独立性）。また、x の水準に関係せず、誤差 ε_i は平均が 0（不偏性）、分散が共通の値を持つ σ^2（等分散）の正規分布に従うと想定される。

回帰母数 β_0, β_1 の推定量 $\widehat{\beta_0}$, $\widehat{\beta_1}$ の値を得るのに広く用いられている方法に、**最小2乗法** がある。n 組のデータを用いて、推定値 $\widehat{\beta_0}$ および $\widehat{\beta_1}$ を求め、母回帰式の推定式 $\widehat{y} = \widehat{\beta_0} + \widehat{\beta_1} x$ が得られたとしよう。このとき、x_i に対する y_i の予測値は

$$\widehat{y_i} = \widehat{\beta_0} + \widehat{\beta_1} x_i \tag{2.9}$$

で与えられる。実現値 y_i と予測値 $\widehat{y_i}$ は、多くの場合一致せず、その差 e_i を **残差**（residual）と呼ぶ。

$$e_i = y_i - \widehat{y_i} = y_i - \widehat{\beta_0} - \widehat{\beta_1} x_i \tag{2.10}$$

---

1) $\widehat{\beta_0}$, $\widehat{\beta_1}$ は、それぞれベータ・ゼロ・ハット、ベータ・ワン・ハットと読む。ハット（$\widehat{}$）は、下に記されている母数を推定する値、つまり標本に基づく統計量を意味する。
2) *i.i.d.* は <u>i</u>ndependent <u>i</u>dentically <u>d</u>istributed（独立で同一の分布に従っている）の略。

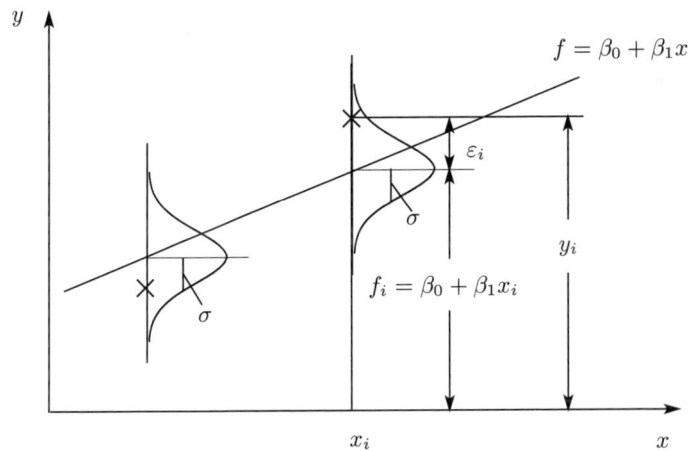

図 2.2 単回帰モデル

残差の 2 乗の合計を **残差平方和** といい、S_e で表す。

$$S_e = \sum_{i=1}^n e_i^2 = \sum_{i=1}^n (y_i - \widehat{y}_i)^2 = \sum_{i=1}^n (y_i - \widehat{\beta}_0 - \widehat{\beta}_1 x_i)^2 \tag{2.11}$$

S_e が最小になるように、$\widehat{\beta}_0$, $\widehat{\beta}_1$ を定める方法が最小 2 乗法である。最小 2 乗法による回帰係数の推定量は、平方和および偏差積和を

$$S_{yy} = \sum_{i=1}^n (y_i - \bar{y})^2, \quad S_{xx} = \sum_{i=1}^n (x_i - \bar{x})^2 \tag{2.12}$$

$$S_{xy} = S_{yx} = \sum_{i=1}^n (x_i - \bar{x})(y_i - \bar{y}) \tag{2.13}$$

と定義するとき、

$$\widehat{\beta}_1 = \frac{S_{xy}}{S_{xx}} \tag{2.14}$$

$$\widehat{\beta}_0 = \bar{y} - \widehat{\beta}_1 \bar{x} \tag{2.15}$$

となる。

残差平方和は、次のように、さまざまに表現することができる。

$$S_e = S_{yy} - \widehat{\beta}_1^2 S_{xx} = S_{yy} - \frac{S_{xy}^2}{S_{xx}} \tag{2.16}$$

第 2 章 単回帰分析

参考 — 最小 2 乗推定量の導出

最小 2 乗推定量は、S_e を $\widehat{\beta}_0, \widehat{\beta}_1$ でそれぞれ偏微分し、ゼロとおいた方程式の解を求めることにより得られる。実際に計算してみよう。

$$\frac{\partial S_e}{\partial \widehat{\beta}_0} = 2\sum_{i=1}^{n}(y_i - \widehat{\beta}_0 - \widehat{\beta}_1 x_i)(-1) = 0$$

$$\frac{\partial S_e}{\partial \widehat{\beta}_1} = 2\sum_{i=1}^{n}(y_i - \widehat{\beta}_0 - \widehat{\beta}_1 x_i)(-x_i) = 0$$

これらを整理すると、

$$\widehat{\beta}_0 n + \widehat{\beta}_1 \sum_{i=1}^{n} x_i = \sum_{i=1}^{n} y_i \tag{2.17}$$

$$\widehat{\beta}_0 \sum_{i=1}^{n} x_i + \widehat{\beta}_1 \sum_{i=1}^{n} x_i^2 = \sum_{i=1}^{n} x_i y_i \tag{2.18}$$

となる。この連立方程式を **正規方程式** という。

式 (2.17) の両辺を n で割ると $\widehat{\beta}_0 + \widehat{\beta}_1 \bar{x} = \bar{y}$ となり、式 (2.15) が導き出される。
式 (2.18) の $\widehat{\beta}_0$ を、この結果を用いて書きなおすと、

$$(\bar{y} - \widehat{\beta}_1 \bar{x})\sum_{i=1}^{n} x_i + \widehat{\beta}_1 \sum_{i=1}^{n} x_i^2 = \sum_{i=1}^{n} x_i y_i \tag{2.19}$$

さらに整理すると、

$$\widehat{\beta}_1 \left(\sum_{i=1}^{n} x_i^2 - \bar{x} \sum_{i=1}^{n} x_i \right) = \sum_{i=1}^{n} x_i y_i - \bar{y} \sum_{i=1}^{n} x_i \tag{2.20}$$

となる。左辺の括弧内は x の平方和 S_{xx}、右辺は x と y の偏差積和 S_{xy} なので、$\widehat{\beta}_1 S_{xx} = S_{xy}$ となり、式 (2.14) が導き出される。

例題 2-1
---

8 組のデータ $(1,4), (2,3), (3,6), (4,5), (5,7), (7,10), (8,12), (10,13)$ に最小 2 乗法を適用し、単回帰モデル $y = \beta_0 + \beta_1 x$ の係数の推定値 $\widehat{\beta}_0$, $\widehat{\beta}_1$ を求めよ。

[解] **手順 1** データファイルの作成

表計算ソフトで図 2.3 に示すファイルを作成する。適切なファイル名をつけ(「例題 2-1.csv」とする)、ファイルの種類を「CSV (カンマ区切り)」に変更して保存する (図 2.4)。

手順 2 データの読み込み

R コマンダーで《データ》▶《データのインポート》▶《テキストファイルまたはクリップボードから》を選択する。「フィールドの区切り記号」を「カンマ」に変更し、ファイルを「例題 2-1.csv」に指定して、OK。データセットを表示 をクリックし、

読み込んだファイルの内容を確認しておく（図 2.5）。

	A	B
1	x	y
2	1	4
3	2	3
4	3	6
5	4	5
6	5	7
7	7	10
8	8	12
9	10	13

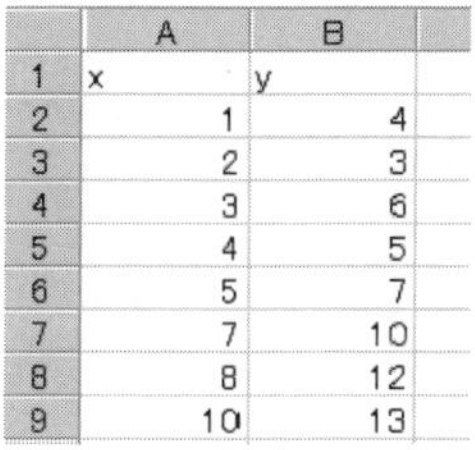

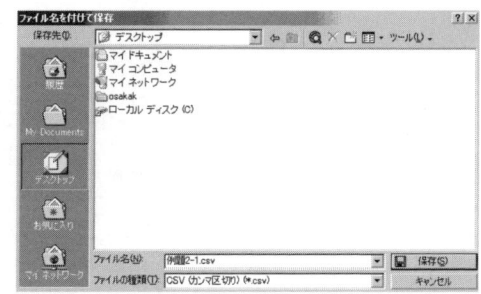

図 **2.3**　データファイルの作成

図 **2.4**　**CSV**（カンマ区切り）ファイルで保存

手順 **3**　散布図の作成

《グラフ》▶《散布図》より、「x 変数」（横軸に取る変数）に「x」を、「y 変数」（縦軸に取る変数）に「y」を指定し、OK。図 2.6 に示す散布図が表示される。

散布図より、変数 x と y との間には直線的な関係があることがわかる。また、特に飛び離れた点はない。

なお、図 2.6 の散布図では、回帰直線（最小 2 乗直線）、平滑線、周辺に x, y の箱ひげ図が記入されている。これらは、散布図のダイアログボックスで表示するかどうかを選択することができる（詳細に関しては、17 ページ参照）。

手順 **4**　回帰分析

回帰分析を行う。R コマンダーで、《統計量》▶《モデルへの適合》▶《線形回帰》を選択する。目的変数として「y」を、説明変数として「x」をそれぞれ指定し、OK

	x	y
1	1	4
2	2	3
3	3	6
4	4	5
5	5	7
6	7	10
7	8	12
8	10	13

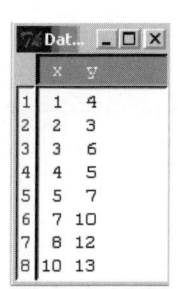

図 **2.5**　データセットの表示

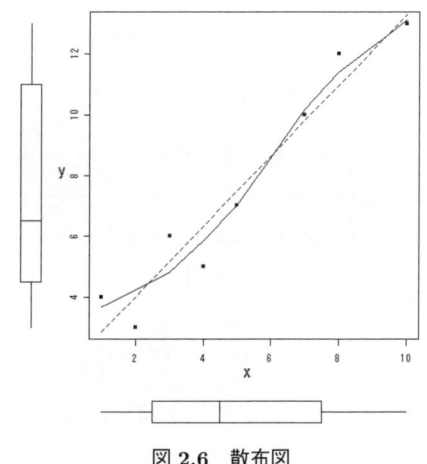

図 **2.6**　散布図

（図 2.7）[3]。次の結果が、R コマンダーの出力ウィンドウに表示される。

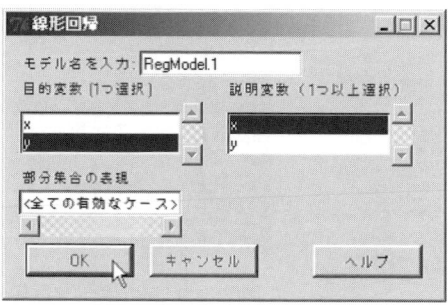

図 2.7　線形回帰のダイアログボックス——目的変数と説明変数の選択

```
―[出力ウィンドウ] 回帰の要約情報 ―――――――――――――――――
> RegModel.1 <- lm(y~x, data=Dataset)
> summary(RegModel.1)
Call:
lm(formula = y ~ x, data = Dataset)

Residuals:      # 残差
    Min      1Q  Median      3Q     Max
-1.33824 -0.62868 -0.06618  0.87132  1.14706

Coefficients:  # （回帰）係数
            Estimate Std. Error t value Pr(>|t|)
(Intercept)   1.6912     0.7147   2.366   0.0558 .
x             1.1618     0.1235   9.409 8.19e-05 ***
---
Signif. codes:  0 '***' 0.001 '**' 0.01 '*' 0.05 '.' 0.1 ' ' 1

Residual standard error: 1.018 on 6 degrees of freedom
Multiple R-Squared: 0.9365,Adjusted R-squared: 0.9259
F-statistic: 88.52 on 1 and 6 DF,  p-value: 8.19e-05
```

なお、**lm()** は回帰モデル（<u>l</u>inear <u>m</u>odel）を求める関数で、

　　lm(モデル式，data＝使用データセット名)

の形で利用する。モデル式は

　　目的変数 ~ 説明変数

の形で指定する。出力ウィンドウでは、lm(y~x,data=Dataset) の結果を RegModel.1

---

[3] 図 2.7 の［モデル名を入力］欄には標準で「RegModel.1」が入力されるが、これは回帰モデルをデータに適用した結果につける名前であり、変更することもできる。これを利用して、回帰分析に関するさまざまな情報を抽出することができる。

という変数に代入（<-）し、関数 summary() を用いてその要約情報を表示している。

出力ウィンドウ中の Call は、次行に表されるモデルを呼び出したことを意味する。Estimate（推定値）欄に回帰母数の推定値が表示される。(Intercept) は切片 β_0 を表すので、β_0 の Estimate（$\widehat{\beta_0}$）は「1.6912」である。x 欄の Estimate（$\widehat{\beta_1}$）は「1.1618」であることがわかる。よって、母回帰式の推定式（回帰直線）は次式となる。

$$\widehat{y} = 1.6912 + 1.1618x \tag{2.21}$$

2.4 当てはまりの良さ

2.3 節で回帰直線の推定を行った。次に、推定された回帰直線がデータの動きをうまく説明できているかどうかを検討しよう。

残差 e_i は、実現値 y_i とその予測値 $\widehat{y}_i$ との差、すなわち $e_i = y_i - \widehat{y}_i$ であった。ところで、データ y_i と平均 $\bar{y}$ との差（偏差）は、残差と回帰による偏差に分けることができる（図 2.8 参照）。

$$y_i - \bar{y} = e_i + (\widehat{y}_i - \bar{y}) \tag{2.22}$$

両辺を 2 乗して i について合計し、$\sum_{i=1}^{n} e_i(\widehat{y}_i - \bar{y}) = 0$ であることに注意して整理すると、総平方和 $S_T(= S_{yy})$ は、残差平方和 S_e と回帰平方和 $S_R = \sum_{i=1}^{n}(\widehat{y}_i - \bar{y})^2$ の 2 つに分解される。また、これらの自由度を ϕ_T, ϕ_e, ϕ_R とするとき、平方和と同じ形で分解される。

$$S_T = S_e + S_R \tag{2.23}$$

$$\phi_T = \phi_e + \phi_R \tag{2.24}$$

各平方和の自由度は、それぞれ、

$$\phi_T = n - 1, \phi_R = 1, \phi_e = \phi_T - \phi_R = n - 2 \tag{2.25}$$

であり、これらの結果を分散分析表にまとめ、検討することができる（表 2.2）。

表 2.2　分散分析表

要因	S	ϕ	V	F_0	$E(V)$
回　帰 R	S_R	ϕ_R	V_R	V_R/V_e	$\sigma^2 + \beta_1^2 S_{xx}$
残　差 e	S_e	ϕ_e	V_e		σ^2
計	S_T	ϕ_T			

総平方和 S_T のうち回帰平方和 S_R が占める比率

$$R^2 = \frac{S_R}{S_T} = 1 - \frac{S_e}{S_T} \tag{2.26}$$

を求めると、これは、回帰モデルの **当てはまりの良さ**（回帰による変動の説明力）を表している。この値 R^2 を **寄与率** または **決定係数** と呼ぶ。寄与率は、0 から 1 の間の値をとり[4]、値が大きいほど回帰モデルの当てはまりが良いことを示している。

参考 — 寄与率の導出

- $\sum_{i=1}^{n} e_i = 0$：残差の合計は 0。よって、残差の平均は 0。

$$\sum_{i=1}^{n} e_i = \sum_{i=1}^{n}(y_i - \widehat{y}_i) = \sum_{i=1}^{n}(y_i - \widehat{\beta}_0 - \widehat{\beta}_1 x_i)$$

$$= \sum_{i=1}^{n} y_i - n\widehat{\beta}_0 - \widehat{\beta}_1 \sum_{i=1}^{n} x_i = \sum_{i=1}^{n} y_i - n(\widehat{\beta}_0 + \widehat{\beta}_1 \bar{x}) = 0$$

- $\bar{\widehat{y}} = \bar{y}$：予測値 $\widehat{y}_i$ の平均は、$\bar{y}$ と等しい。

$$\sum_{i=1}^{n} \widehat{y}_i = \sum_{i=1}^{n}(\widehat{\beta}_0 + \widehat{\beta}_1 x_i) = n\widehat{\beta}_0 + \widehat{\beta}_1 \sum_{i=1}^{n} x_i = n(\widehat{\beta}_0 + \widehat{\beta}_1 \bar{x}) = n\bar{y}$$

- $\sum_{i=1}^{n} e_i(\widehat{y}_i - \bar{y}) = 0$

  式 (2.14) より $\widehat{\beta}_1 S_{xx} = S_{xy}$ なので、両辺の差を取って整理すると、

$$\sum_{i=1}^{n}(x_i - \bar{x})\left\{(y_i - \bar{y}) - \widehat{\beta}_1(x_i - \bar{x})\right\} = 0$$

  この左辺は、

$$\sum_{i=1}^{n}(x_i - \bar{x})\left\{y_i - \widehat{\beta}_1 x_i - (\bar{y} - \widehat{\beta}_1 \bar{x})\right\} = \sum_{i=1}^{n}(x_i - \bar{x})(y_i - \widehat{\beta}_1 x_i - \widehat{\beta}_0) = \sum_{i=1}^{n}(x_i - \bar{x})e_i$$

  となるので、$\sum_{i=1}^{n}(x_i - \bar{x})e_i = 0$。すると、

$$\sum_{i=1}^{n} e_i(\widehat{y}_i - \bar{y}) = \sum_{i=1}^{n} e_i(\widehat{\beta}_0 + \widehat{\beta}_1 x_i - \widehat{\beta}_0 - \widehat{\beta}_1 \bar{x}) = \widehat{\beta}_1 \sum_{i=1}^{n} e_i(x_i - \bar{x}) = 0$$

- 寄与率は、y と予測値 $\widehat{y}$ の相関係数 $r_{y\widehat{y}}$ の 2 乗に等しい。

$$r_{y\widehat{y}} = \frac{S_{y\widehat{y}}}{\sqrt{S_{yy}}\sqrt{S_{\widehat{y}\widehat{y}}}} = \frac{S_R}{\sqrt{S_T}\sqrt{S_R}} = \sqrt{\frac{S_R}{S_T}} = \sqrt{R^2} \tag{2.27}$$

例題 2-2

例題 2-1 の線形回帰について、寄与率を求めよ。

解 寄与率は、R の線形回帰の出力ウィンドウ（26 ページ）で「Multiple R-Squared」

---
4) 100 倍してパーセント（%）の単位で表現することも多い。

図 2.8 変動の分解

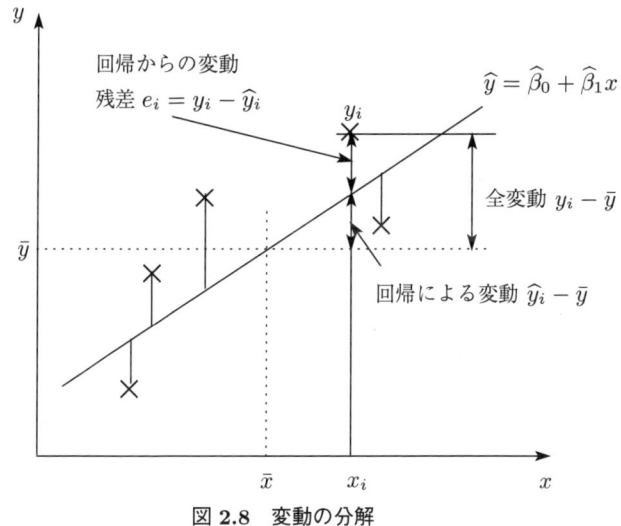

（重相関係数の平方）として示される。寄与率は 0.9365（94 %）なので、回帰モデルの当てはまりの良さはかなり良いことがわかる。また、F-statistic（F 統計量）の値 88.52 が F_0 値であり、その **P 値**（p-value）[5]は 8.19e-05[6] なので、「有意水準 5 %で回帰は有意」である。この結果を分散分析表の形にすると、表 2.3 となる。

表 2.3 分散分析表

要因	S	ϕ	V	F_0	$E(V)$
回帰 R	91.779	1	91.779	88.52**	$\sigma^2 + \beta_1^2 S_{xx}$
残差 e	6.221	6	1.037		σ^2
全変動 T	98.000	7			

2.5 回帰に関する検定と推定

ここでは、得られた推定値に基づく検定や区間推定など、さまざまな統計的推測の手順について学んでいく。まず、回帰母数や残差平方和の分布について見ておこう。

---

[5] P 値とは、一般に、確率 Pr(検定統計量>統計量の値) であり、P 値<α のとき、有意水準 α で有意であると判断できる。R では、検定統計量に応じて、P(>|t|)：t 検定、P(>F)：F 検定、P(>Chisq)：χ^2 検定、等と表記される。
[6] 8.19e-05= 8.19×10^{-5} = 0.0000819

2.5.1 回帰母数の推定量の分布

(1) $\widehat{\beta}_1$ の分布

$\widehat{\beta}_1$ の分布は

$$\widehat{\beta}_1 \sim N\left(\beta_1, \frac{\sigma^2}{S_{xx}}\right) \tag{2.28}$$

である。この理由を、簡単に見ておこう。

式 (2.14) より、$\widehat{\beta}_1 = S_{xy}/S_{xx}$ である。S_{xx} は定数、S_{xy} は正規分布に従う y_i の 1 次式で表される。これより、$\widehat{\beta}_1$ は正規分布に従う変数の 1 次結合として表されるので、正規分布に従う。

次に、その平均と分散を求めてみよう。まず、S_{xy} の平均と分散を求めると、

$$E(S_{xy}) = \beta_1 S_{xx}$$
$$V(S_{xy}) = \sigma^2 S_{xx}$$

となる。この結果より、

$$E(\widehat{\beta}_1) = E\left(\frac{S_{xy}}{S_{xx}}\right) = \frac{1}{S_{xx}} E(S_{xy}) = \beta_1$$
$$V(\widehat{\beta}_1) = V\left(\frac{S_{xy}}{S_{xx}}\right) = \frac{1}{S_{xx}^2} V(S_{xy}) = \frac{\sigma^2}{S_{xx}}$$

よって、$\widehat{\beta}_1$ は不偏推定量[7]である。その分散は、β_1 に関する線形で不偏な推定量の中で最も小さいことが知られている。

(2) $\widehat{\beta}_0$ の分布

$\widehat{\beta}_0$ の分布は

$$\widehat{\beta}_0 \sim N\left(\beta_0, \left(\frac{1}{n} + \frac{\bar{x}^2}{S_{xx}}\right)\sigma^2\right) \tag{2.29}$$

である。この理由を、簡単に見ておこう。

式 (2.15) より、$\widehat{\beta}_0 = \bar{y} - \widehat{\beta}_1 \bar{x}$ である。式 (2.28) より $\widehat{\beta}_1$ は正規分布に従う。また、$\bar{x}$ は定数、$\bar{y}$ は正規分布に従う y_i の 1 次式で表されるので、これらの変数の 1 次結合として表される $\widehat{\beta}_0$ も正規分布に従うことがわかる。

---

[7] 期待値が推定する母数に等しい推定量をいう。

次に、その平均と分散は

$$E(\widehat{\beta_0}) = E(\bar{y} - \widehat{\beta_1}\bar{x}) = \beta_0 + \beta_1\bar{x} - \beta_1\bar{x} = \beta_0 \tag{2.30}$$

$$V(\widehat{\beta_0}) = V(\bar{y} - \widehat{\beta_1}\bar{x}) = V(\bar{y}) + \bar{x}^2 V(\widehat{\beta_1}) - 2\bar{x} Cov(\bar{y}, \widehat{\beta_1})$$

$$= \left(\frac{1}{n} + \frac{\bar{x}^2}{S_{xx}}\right)\sigma^2 \tag{2.31}$$

(3) 残差平方和 S_e の分布

残差平方和 S_e の分布について

$$\frac{S_e}{\sigma^2} \sim \chi^2(n-2) \tag{2.32}$$

がわかっている。

σ^2 は母数であり、自由度 m の χ^2 分布の平均は m であるから、$E(S_e) = (n-2)\sigma^2$ となる。よって、残差分散を $V_e = S_e/(n-2)$ と定義すると、$E(V_e) = \sigma^2$ となる。このことから、V_e は誤差分散 σ^2 の不偏推定量であることがわかる。

2.5.2 回帰母数に関する検定と推定

回帰母数の推定量の分布を用い、回帰母数に関するさまざまな仮説に対する検定や推定を行っていく。

(1) 回帰母数に関する検定

回帰分析を行った際、われわれがはじめに知りたいのは、適切なモデルが選ばれているかどうか、特に、特性 y の原因として x を取り上げたことが正しかったかどうかである。これには回帰係数 β_1 に関する **ゼロ仮説**、つまり

帰無仮説 $H_0 : \beta_1 = 0$

対立仮説 $H_1 : \beta_1 \neq 0$

の検定を行えばよい。なお、検定の結果、有意でないという結論が得られても、それはあくまで直線関係を想定したモデルの下での結果（変数 y と x の間には直線関係があるとは言えない）であり、すぐには、y と x の間に関係がないことを意味しないことに注意しよう。

式 (2.28) より、$\widehat{\beta_1}$ を基準化すると

$$u = \frac{\widehat{\beta_1} - \beta_1}{\sqrt{\sigma^2/S_{xx}}} \sim N(0, 1^2) \tag{2.33}$$

となる。σ^2 は未知なので、その推定量 V_e で置き換えると

$$t = \frac{\widehat{\beta_1} - \beta_1}{\sqrt{V_e/S_{xx}}} \sim t(n-2) \tag{2.34}$$

となる。帰無仮説 H_0 の下では $\beta_1 = 0$ なので、

$$t_0 = \frac{\widehat{\beta_1}}{\sqrt{V_e/S_{xx}}} \sim t(n-2) \tag{2.35}$$

を得る。t_0 を計算した値を t 値（t value）という。

有意水準が α のときの棄却域 R は、次のように与えられる。

$$R : |t_0| \geq t(n-2, \alpha) \tag{2.36}$$

同様に考えて、β_0 に関するゼロ仮説の検定を行うこともできる。統計量 $\widehat{\beta_0}$ に関して、

$$t = \frac{\widehat{\beta_0} - \beta_0}{\sqrt{\left(\frac{1}{n} + \frac{\bar{x}^2}{S_{xx}}\right)V_e}} \sim t(n-2) \tag{2.37}$$

なので、$H_0 : \beta_0 = 0$ の下で、

$$t_0 = \frac{\widehat{\beta_0}}{\sqrt{\left(\frac{1}{n} + \frac{\bar{x}^2}{S_{xx}}\right)V_e}} \sim t(n-2) \tag{2.38}$$

となることを利用する。

例題 2-3

例題 2-1 のデータについて、β_1 に関するゼロ仮説の検定統計量の値 t_0 を求め、有意性を検討せよ。

[解] この検定は、前に見た出力ウィンドウ（26 ページ）で実行されている。式 (2.35) の t_0 値は、x に対する「t value」（t 値）の「9.409」である。これに対応する P 値（$Pr(>|t|)$ の値）は「8.19e-05」であり、これが有意水準 $\alpha = 0.05$ より小さいので「有意水準 5 ％で有意」、つまり、$\beta_1 \neq 0$ と判断できる。なお、Signif.codes 欄にあるように、P 値右の「∗∗∗」は有意水準 0.1 ％で、「∗∗」は 1 ％で、「∗」は 5 ％で、「.」は 10 ％で有意であることを示す。

(2) 一般の仮説に関する検定

すでに回帰母数について何らかの知見が得られていることがある。環境が変化したり何らかの変更を行ったりしたとき、その影響・効果を知りたいこともある。このような場合、例えば、$\widehat{\beta_1}$ が特定の値 β_{10} と比較して異なるかどうかを知りたい。このと

き、仮説は、

　　　帰無仮説 H_0: $\beta_1 = \beta_{10}$
　　　対立仮説 H_1: $\beta_1 \neq \beta_{10}$

となり、式 (2.34) の β_1 に β_{10} を代入した検定統計量 t_0 が、帰無仮説の下で自由度 $n-2$ の t 分布に従うことを利用して検定を行うことができる。

　同様に、切片 $\widehat{\beta_0}$ がある特定の値 β_{00} と比較して等しいかどうかを検定することもできる。仮説は、

　　　帰無仮説 H_0: $\beta_0 = \beta_{00}$
　　　対立仮説 H_1: $\beta_0 \neq \beta_{00}$

となり、式 (2.37) の β_0 に β_{00} を代入した検定統計量 t_0 が、帰無仮説の下で自由度 $n-2$ の t 分布に従うことを利用して検定を行うことができる。

　ところで、$x = 0$ という水準が現実的でなかったり、技術的な意味がない場合も多い。このような場合、$x = \bar{x}$ を取り上げて切片について検討することがある。回帰式は

$$y_i = \beta_0' + \beta_1(x_i - \bar{x}), \quad \beta_0' = \beta_0 + \beta_1 \bar{x} \tag{2.39}$$

と書き換えることができるので、母数 β_0' には $x = \bar{x}$ のときの切片という意味がある。

　仮説

　　　帰無仮説 H_0: $\beta_0' = \beta_{00}'$
　　　対立仮説 H_1: $\beta_0' \neq \beta_{00}'$

の検定には、統計量

$$t_0 = \frac{\bar{y} - \beta_{00}'}{\sqrt{V_e/n}} \tag{2.40}$$

が自由度 $n-2$ の t 分布に従うことを利用する。

(3) 回帰母数の区間推定

　次に、$\widehat{\beta_1}$, $\widehat{\beta_0}$ それぞれの信頼区間を導出しよう。式 (2.34) と式 (2.37) より、

$$t = \frac{\widehat{\beta_1} - \beta_1}{\sqrt{V_e/S_{xx}}} \sim t(n-2)$$

$$t = \frac{\widehat{\beta_0} - \beta_0}{\sqrt{\left(\frac{1}{n} + \frac{\bar{x}^2}{S_{xx}}\right) V_e}} \sim t(n-2)$$

なので、次の推定方式が成り立つ。

第 2 章 単回帰分析

───── 推定方式 ─────

β_1 の 点推定値は $\widehat{\beta_1}$、信頼率 $100(1-\alpha)$ %の信頼区間は

$$\widehat{\beta_1} \pm t(n-2, \alpha)\sqrt{\frac{V_e}{S_{xx}}} \tag{2.41}$$

β_0 の点推定値は $\widehat{\beta_0}$、信頼率 $100(1-\alpha)$ %の信頼区間は

$$\widehat{\beta_0} \pm t(n-2, \alpha)\sqrt{\left(\frac{1}{n} + \frac{\bar{x}^2}{S_{xx}}\right)V_e} \tag{2.42}$$

─ 例題 2-4 ─

例題 2-1 のデータについて、β_1, β_0 それぞれの 信頼率 95 %の信頼区間を算出せよ。

[解] R コマンダーの《モデル》▶《信頼区間》を選択する。信頼率（ダイアログボックスでは信頼水準と表記）を設定して [OK]（図 2.9）。出力ウィンドウに結果が表示される。β_1 の信頼区間は $(0.860, 1.464)$、β_0 の信頼区間は $(-0.058, 3.440)$ である。なお、**Confint()** は信頼区間（confidence interval）を求める関数である。

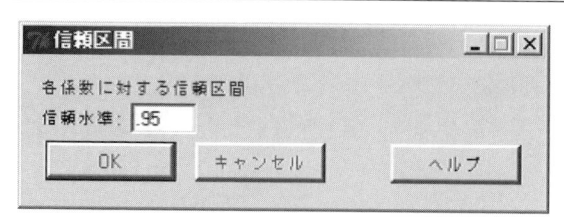

───［出力ウィンドウ］回帰係数の信頼区間 ───
```
> Confint(RegModel.1, level=.95)
                 2.5 %    97.5 %
(Intercept) -0.05756808 3.439921
x            0.85962767 1.463902
```

図 2.9 回帰係数の信頼区間のダイアログボックス

2.5.3 母回帰の区間推定

指定された x_0 に対する母回帰

$$y_0 = \beta_0 + \beta_1 x_0 \tag{2.43}$$

の推定量は

$$\widehat{y_0} = \widehat{\beta_0} + \widehat{\beta_1} x_0 \tag{2.44}$$

で与えられる。$\widehat{\beta_1}$, $\widehat{\beta_0}$ はそれぞれ正規分布に従うので、$\widehat{y_0}$ も正規分布に従う。また、その平均と分散はそれぞれ、

$$E(\widehat{y_0}) = \beta_0 + \beta_1 x_0 = y_0$$
$$V(\widehat{y_0}) = V(\widehat{\beta_0}) + x_0^2 V(\widehat{\beta_1}) + 2x_0 Cov(\widehat{\beta_0}, \widehat{\beta_1})$$
$$= \left(\frac{1}{n} + \frac{\bar{x}^2}{S_{xx}}\right)\sigma^2 + \frac{x_0^2}{S_{xx}}\sigma^2 - \frac{2x_0 \bar{x}}{S_{xx}}\sigma^2 = \left(\frac{1}{n} + \frac{(x_0 - \bar{x})^2}{S_{xx}}\right)\sigma^2$$

である。よって

$$\widehat{y_0} \sim N\left(y_0, \left(\frac{1}{n} + \frac{(x_0 - \bar{x})^2}{S_{xx}}\right)\sigma^2\right) \tag{2.45}$$

となる。

σ^2 をその推定量 V_e で置き換えると

$$t = \frac{\widehat{y_0} - y_0}{\sqrt{\left(\frac{1}{n} + \frac{(x_0 - \bar{x})^2}{S_{xx}}\right) V_e}} \sim t(n-2) \tag{2.46}$$

これより、次の推定方式が成り立つ。

---- 推定方式 ----

y_0 の点推定値は $\widehat{\beta_0} + \widehat{\beta_1} x_0$、信頼率 $100(1-\alpha)$ %の信頼区間は、

$$\widehat{\beta_0} + \widehat{\beta_1} x_0 \pm t(n-2, \alpha)\sqrt{\left(\frac{1}{n} + \frac{(x_0 - \bar{x})^2}{S_{xx}}\right) V_e} \tag{2.47}$$

この信頼区間の幅は、x_0 の水準によって異なる。$x_0 = \bar{x}$ のとき最小値となり、$\bar{x}$ から離れるほど大きな値を取る。

---- 例題 2-5 ----

例題 2-1 のデータについて、データセットの x の値に対する母回帰の信頼率 95 %の信頼区間を求めよ。

[解] 母回帰の区間推定を行うには、関数 **predict()** [8] を利用する。説明変数 x の現在

---
[8] 予測することを英語で predict という。関数名 **predict** はこれに対応する。区間推定には、**predict(モデル名, 適用するデータセット名, int="c")** の形で利用する。

のデータ値に対する母回帰の信頼区間を求めるには、次のコマンドを R Console に入力する[9]。

```
 R Console 
> predict(RegModel.1,Dataset,int="c")
       fit       lwr       upr
1  2.852941  1.357439  4.348443
2  4.014706  2.750776  5.278636
3  5.176471  4.108255  6.244686
4  6.338235  5.406986  7.269484
5  7.500000  6.619127  8.380873
6  9.823529  8.755314 10.891745
7 10.985294  9.721364 12.249224
8 13.308824 11.560079 15.057568
```

ここで、fit は予測値 $\widehat{y}$ を、lwr は lower（下側：信頼下限）を、upr は upper（上側：信頼上限）を意味する。出力の第 1 列の 1–8 が、サンプル番号に対応する。

なお、母回帰の信頼区間を図示する方法については、付録 B.1.2（193 ページ）で扱う。また、x_0 値がサンプルに含まれない場合の方法については、2.6 節（40 ページ）で説明する。

2.5.4　個々のデータの予測

回帰母数の推定量 $\widehat{\beta}_1$, $\widehat{\beta}_0$ を用いて個々のデータを予測することができる。

$x = x_0$ のとき、対応する目的変数

$$y_0 = \mu_0 + \varepsilon = \widehat{\beta}_0 + \widehat{\beta}_1 x_0 + \varepsilon \tag{2.48}$$

の予測値は

$$\widehat{y}_0 = \widehat{\beta}_0 + \widehat{\beta}_1 x_0 \tag{2.49}$$

で与えられる。$\widehat{\beta}_1$, $\widehat{\beta}_0$ はそれぞれ正規分布に従うので、$\widehat{y}_0$ も正規分布に従う。また、その平均と分散はそれぞれ次のようになる。

$$E(\widehat{y}_0 - y_0) = 0$$

$$V(\widehat{y}_0 - y_0) = E\big[\{(\widehat{y}_0 - \mu_0) - (y_0 - \mu_0)\}^2\big] = E[(\widehat{y}_0 - \mu_0)^2] + E[(y_0 - \mu_0)^2]$$

$$= \left(\frac{1}{n} + \frac{(x_0 - \bar{x})^2}{S_{xx}}\right)\sigma^2 + \sigma^2$$

$$= \left(1 + \frac{1}{n} + \frac{(x_0 - \bar{x})^2}{S_{xx}}\right)\sigma^2$$

---

[9] int="c" の int は interval（区間）を、c は confidence（信頼）を意味する。

σ^2 をその推定量 V_e で置き換えると、次の予測方式が成り立つ。

──── 予測方式 ────

x を x_0 と指定するときに予測される目的変数の値 y_0 の $100(1-\alpha)$ %予測区間は、

$$\widehat{\beta}_0 + \widehat{\beta}_1 x_0 \pm t(n-2, \alpha)\sqrt{\left(1 + \frac{1}{n} + \frac{(x_0 - \bar{x})^2}{S_{xx}}\right) V_e} \tag{2.50}$$

── 例題 2-6 ──

例題 2-1 のデータについて、データセットの x の値に対する（つまり、$x_0 = x$）y_0 の 95 %予測区間を求めよ。

[解] 母回帰の区間推定の場合と同様に関数 **predict()** を利用する。ただし、オプションとして、「int="p"」を指定する[10]。説明変数 x の現在のデータ値に対して予測するには、次のコマンドを R Console に入力する。このとき、⬆キーを押すと 1 つ前のコマンドが表示されるので、信頼区間を求めるコマンドを修正して Enter 。

── R Console ──
```
> predict(RegModel.1,Dataset,int="p")
        fit         lwr        upr
1  2.852941 -0.05291983  5.758802
2  4.014706  1.22095918  6.808453
3  5.176471  2.46564292  7.887298
4  6.338235  3.67839953  8.998071
5  7.500000  4.85738018 10.142620
6  9.823529  7.11270174 12.534357
7 10.985294  8.19154742 13.779041
8 13.308824 10.26487720 16.352770
```

予測したい x_0 値がサンプルに含まれない場合については、2.6 節（40 ページ）で説明する信頼区間の場合と同じである。

2.6　例：製品粘度データ

表 2.1 のデータを用いて、製品粘度と原料粘度の関係について、単回帰分析を行う。

手順 1　データの読み込み

R コマンダーでデータを読み込む。《データ》▶《データのインポート》▶《テキ

---

[10] int="p" の p は、prediction（予測）を意味する。

ストファイルまたはクリップボードから》を選択する。「フィールドの区切り記号」を「カンマ」に変更し、ファイルを指定して OK 。 データセットを表示 をクリックし、読み込んだデータを確認しておく。

手順 2　散布図の作成

《グラフ》▶《散布図》より、「x 変数」に「原料粘度」を、「y 変数」に「製品粘度」を指定し、OK 。図 2.1（20 ページ）に示す散布図が表示される。

外れ値がないか等、データの動きについて観察する。散布図より、特に外れた値は見当たらず、製品粘度と原料粘度には強い右上がりの傾向が見られる。

手順 3　回帰モデルの推定

回帰分析を行う。R コマンダーの《統計量》▶《モデルへの適合》▶《線形回帰》を選択する。目的変数に「製品粘度」を、説明変数に「原料粘度」を選択し、OK 。回帰分析の結果の要約情報が、R コマンダーの出力ウィンドウに表示される。

P 値より、$\hat{\beta}_1$ は高度に有意である。$\hat{\beta}_0$ は有意ではない。$\hat{\beta}_0 = 0.04368$, $\hat{\beta}_1 = 1.57532$ より、得られた回帰式は、$\hat{y} = 0.04368 + 1.57532x$ である。寄与率（Multiple R-Squared）は 0.9019 と、1 に近い大きな値が得られており、回帰モデルの当てはまりの良さはかなり良いことがわかる。

なお、R コマンダーで回帰モデルを推定するとき、その結果にモデル名がつけられるが（標準では「RegModel.1」）、これを確認しておこう。以後、回帰モデルを複数作成した場合、名前を用いてモデルを切り替えて分析していくことが可能となる[11]。

```
―[出力ウィンドウ] 回帰の要約情報―
> RegModel.1 <- lm(製品粘度~原料粘度, data=Dataset)
> summary(RegModel.1)

Call:
lm(formula = 製品粘度 ~ 原料粘度, data = Dataset)

Residuals:
     Min       1Q   Median       3Q      Max
-0.521525 -0.253013  0.003158  0.218222  0.563411

Coefficients:
            Estimate Std. Error t value Pr(>|t|)
(Intercept)  0.04368    0.95534   0.046    0.964
原料粘度     1.57532    0.09820  16.042 1.20e-15 ***
---
Signif. codes:  0 '***' 0.001 '**' 0.01 '*' 0.05 '.' 0.1 ' ' 1
```

[11] 標準では、モデルを推定するたびに、RegModel.* の * に示される番号が増加し、モデル名が変化する。本書ではこのモデル番号を常に 1 としている。

```
Residual standard error: 0.3255 on 28 degrees of freedom
Multiple R-Squared: 0.9019,Adjusted R-squared: 0.8984
F-statistic: 257.4 on 1 and 28 DF,  p-value: 1.202e-15
```

手順 4 分散分析表

分散分析表（ANOVA Table: Analysis of Variance Table）を作成する。《モデル》
▶《仮説検定》▶《分散分析表》を選択する（図 2.10）。分散分析表が出力ウィンドウ
に表示される。

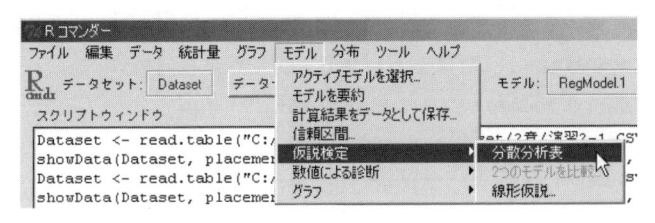

図 **2.10** 分散分析表の表示メニュー

───［出力ウィンドウ］分散分析表 ───
```
> Anova(RegModel.1)
Anova Table (Type II tests)

Response: 製品粘度
           Sum Sq  Df  F value   Pr(>F)
原料粘度   27.2656   1   257.36  1.221e-15 ***
Residuals   2.9664  28
---
Signif. codes:  0 '***' 0.001 '**' 0.01 '*' 0.05 '.' 0.1 ' ' 1
```

ここで、**Anova()** は、パッケージ **car** にある分散分析表を求める関数である。同
種の関数として **anova()** があるが、これとは異なる。出力で、`Sum Sq` は平方和、`Df`
は自由度、`F value` は F 値を表す。

作成した分散分析表より、F_0 値は 257.36 である。この値に対する P 値は Pr(>F)
に示されており、回帰は高度に有意であることがわかる。

手順 5 母回帰の区間推定

区間推定を行うには、関数 **predict()** を利用する。現在の原料粘度のデータ値に対
する母回帰の信頼区間を求めるには、次のコマンドを R Console に入力する。

─ R Console ─
```
> predict(RegModel.1,Dataset,int="c")
        fit      lwr      upr
1  15.00918 14.88033 15.13803
```

```
2  14.22153 14.03387 14.40918
3  14.53659 14.37740 14.69578
4  13.74893 13.51209 13.98577
5  13.59140 13.33710 13.84570
6  13.74893 13.51209 13.98577
 ....
```

- 別に指定する説明変数の値に対する信頼区間

例えば、原料粘度を 8.7 から 10.7 まで 0.5 ずつ増加させた場合の母回帰の信頼区間を求める。まず、このデータを作成する必要がある。基本的には、

説明変数名 = c(数値をカンマで区切りながら列挙)

としてデータを作成し、これを関数 **data.frame()** を用いて データフレームに変換する。具体的には次のようにする。

```
R Console
> 原料粘度 = seq(8.7,10.7,0.5)
>   #  原料粘度 = c(8.7,9.2,9.7,10.2,10.7) でもよい
> data=data.frame(原料粘度)   # データフレームという形式に変換
> predict(RegModel.1, newdata=data, int="c")
>   # 「newdata=予測用データ名」となっていることに注意
       fit      lwr      upr
1  13.74893 13.51209 13.98577
2  14.53659 14.37740 14.69578
3  15.32425 15.20250 15.44599
4  16.11190 15.95528 16.26853
5  16.89956 16.66617 17.13296
```

上記で、**c()** は、括弧内の数値や記号を結合する (c̲ombine または c̲oncatenate) 関数である。また、**seq()** (s̲equence) は数列を作成する関数で、初期値、終了値、増分を () 内にこの順で指定する。なお、「#」以下はコメントなので、無視してよい。

結果より信頼区間は、順に、(13.51, 13.99)、 (14.38, 14.70)、 (15.20, 15.45)、 (15.96, 16.27)、 (16.67, 17.13) となることがわかる。なお、回帰モデルの推定に用いた説明変数のデータの範囲外についての予測 (**外挿** という) は信頼性が低いため、できる限り避けた方が良い。

手順 6 予測区間

予測区間を求める場合も、信頼区間と同様に関数 **predict()** を利用する。このとき、パラメータとして、「int="p"」を指定する。次のコマンドを R Console に入力する。

```
R Console
> predict(RegModel.1,Dataset,int="p")
```

```
        fit      lwr      upr
1  15.00918 14.33011 15.68826
2  14.22153 13.52888 14.91417
3  14.53659 13.85111 15.22207
4  13.74893 13.04138 14.45648
5  13.59140 12.87781 14.30499
6  13.74893 13.04138 14.45648
....
```

新しい説明変数の値を指定する場合、信頼区間のときと同様に、次を R Console に入力する。

```
R Console

> 原料粘度 = seq(8.7,10.7,0.5)   # 必要なら
> data = data.frame(原料粘度)    # 必要なら
> predict(RegModel.1, newdata=data, int="p")
>   # 「int="p"」となっていることに注意
        fit      lwr      upr
1  13.74893 13.04138 14.45648
2  14.53659 13.85111 15.22207
3  15.32425 14.64649 16.00201
4  16.11190 15.42702 16.79679
5  16.89956 16.19316 17.60597
```

これは、原料粘度 x_0 が 8.7 から 10.7 まで 0.5 ずつ変化した場合の予測値 $\hat{y}_0$ と、その 95 ％予測区間（式 (2.50)）を示している。予測値は、順に、13.75, 14.54, 15.32, 16.11, 16.90 であり、予測区間は、順に、(13.04, 14.46)、(13.85, 15.22)、(14.65, 16.00)、(15.43, 16.80)、(16.19, 17.61) となる。なお、説明変数のデータの範囲外についての予測（外挿）も、信頼性が低いため、避けた方が良い。

練習問題 2-1

A 社では接着剤を製造している。製造過程において添加する硬化剤の濃度 x（％）と硬化時間 y（分）の関係を知りたい。表 2.4 に示すデータを用いて単回帰分析を行い、回帰式を求めよ。また、硬化剤の濃度がそれぞれ 1, 2, 3, 4, 5 ％のときの、硬化時間の信頼率 95 ％の信頼区間を求めよ。

練習問題 2-2

B 社では特殊フィルムを製造している。その強度 y（N）と改質剤の添加量 x（wt ％）の関係を知りたい。表 2.5 に示すデータを用いて単回帰分析を行い、回帰式を求めよ。

表 2.4 硬化剤濃度と硬化時間

硬化剤濃度 x	硬化時間 y	硬化剤濃度 x	硬化時間 y
1.0	5.8	3.4	8.7
1.2	5.8	3.6	10.5
1.4	6.3	3.7	9.2
1.6	6.4	4.0	10.7
2.0	7.1	4.1	10.1
2.3	7.1	4.4	11.1
2.4	7.3	4.8	10.4
2.7	8.3	5.0	10.5
2.9	8.7	5.1	12.5
3.1	8.3	5.7	13.1

表 2.5 フィルム強度と改質剤添加量

添加量 x	フィルム強度 y	添加量 x	フィルム強度 y
11.46	1.2	11.98	2.3
10.98	1.3	12.82	2.4
11.70	1.4	12.51	2.5
11.32	1.6	12.08	2.6
12.03	1.7	12.85	2.7
11.75	1.9	13.11	2.8
11.71	2.1	12.51	2.9
12.33	2.2		

2.7 データに繰り返しがある場合の回帰

実験が可能な場合、同じ x の値に対して y の値を複数個観察することが可能である。これをデータに繰り返しがある場合という。このデータに対しても、2.3 節から 2.5 節で説明した分析手順をすべて用いることができる。

加えて、繰り返しのあるデータでは、各 x の水準内の変動から誤差を見積もることができるので、回帰からの残差を、各水準における繰り返しの誤差と当てはめた直線の真のモデルからの隔たりに分けることができる。このため、繰り返しのあるデータでは、モデルの非線形性をも検討することができる。

各水準 x_i で繰り返しが n_i $(i = 1, 2, \ldots, k)$ 回ある場合を考える。単回帰モデルは

$$y_{ij} = \beta_0 + \beta_1 x_i + \gamma_i + \varepsilon_{ij} \quad (i = 1, 2, \ldots, k;\ j = 1, 2, \ldots, n_i) \tag{2.51}$$

と表せる。ここで、ε_{ij} は各水準における繰り返しの誤差を、γ_i（ガンマ・アイと読む）は当てはまりの悪さ（真のモデルと当てはめた直線の隔たり）に対応している。線形モデルが不適切な場合、γ_i の比重が大きくなると考えられる。

データと全平均との偏差を取り、それを次のように分解する（図 2.11 参照）。

$$y_{ij} - \bar{\bar{y}} = (y_{ij} - \bar{y}_{i\cdot}) + (\bar{y}_{i\cdot} - \bar{\bar{y}})$$
$$= (y_{ij} - \bar{y}_{i\cdot}) + \left\{\bar{y}_{i\cdot} - (\widehat{\beta}_0 + \widehat{\beta}_1 x_i)\right\} + \left\{(\widehat{\beta}_0 + \widehat{\beta}_1 x_i) - \bar{\bar{y}}\right\} \tag{2.52}$$

データと全平均の偏差は、誤差（級内）の偏差と因子（級間）の偏差に分かれ、級間の偏差はさらに、モデルの当てはまりの悪さと回帰による偏差に2分されている。

式（2.52）の両辺を2乗し、i, j について足し合わせて整理すると、次のようになる。

$$S_T = S_E + S_A \tag{2.53}$$
$$= S_E + \sum_{i=1}^{k} n_i(\bar{y}_{i\cdot} - \widehat{\beta}_0 - \widehat{\beta}_1 x_i)^2 + \sum_{i=1}^{k} n_i(\widehat{\beta}_0 + \widehat{\beta}_1 x_i - \bar{\bar{y}})^2$$
$$= S_E + S_{lof} + S_R \tag{2.54}$$

ここで、S_T は総平方和、S_A は説明変数（因子）A の平方和、$S_E = S_T - S_A$ は誤差平方和、$S_R = S_{xy}^2/S_{xx}$ は回帰平方和、$S_{lof} = S_A - S_R$ は当てはまりの悪さの平方和である[12]。データの総数を $n = \sum_{i=1}^{k} n_i$ とするとき、これら平方和の自由度は、

$$\phi_T = n - 1, \phi_A = k - 1, \phi_E = \phi_T - \phi_A = n - k,$$
$$\phi_R = 1, \phi_{lof} = \phi_A - \phi_R = k - 2$$

である。自由度の間には

$$\phi_T = \phi_E + \phi_A \tag{2.55}$$
$$= \phi_E + \phi_{lof} + \phi_R \tag{2.56}$$

という関係があり、式 (2.53)、(2.54) の平方和の分解と対応していることがわかる。
これらを分散分析表にまとめると、表 2.6 となる。

例題 2-7

C 社では、ある触媒を用いて製品を作っているが、収量向上をねらって触媒の組成変更を行った。新しい触媒の添加量 x（g）と単位時間あたりの収量 y（g）の関係を調べるために、4 水準でそれぞれ 4 回の実験を行った。データを表 2.7 に示す。このデータを用いて、回帰分析を行え。

---

12) *lof* は、当てはまりの悪さ（<u>l</u>ack <u>o</u>f <u>f</u>it）より。

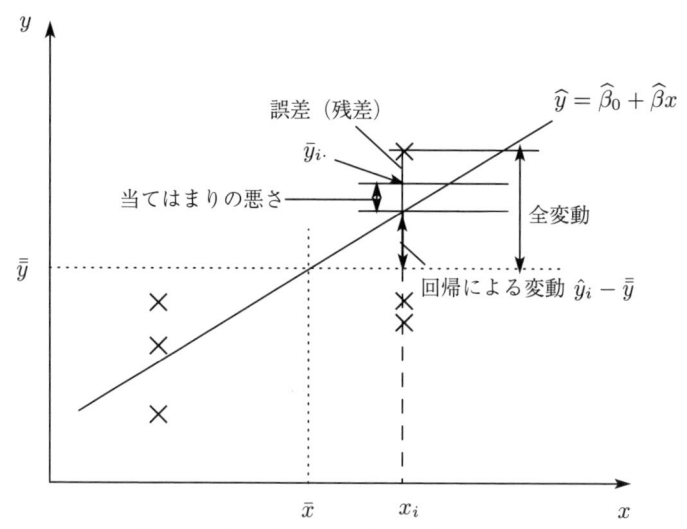

図 2.11　繰り返しがある場合の変動の分解

表 2.6　分散分析表（繰り返しのある場合）

要因	S	ϕ	V	F_0	$E(V)$
回帰 R	$S_R = \dfrac{S_{xy}^2}{S_{xx}}$	$\phi_R = 1$	$V_R = \dfrac{S_R}{\phi_R}$	$\dfrac{V_R}{V_E}$	$\sigma^2 + \beta_1^2 S_{xx}$
当てはまりの悪さ	$S_{lof} = S_A - S_R$	$\phi_{lof} = k-2$	$V_{lof} = \dfrac{S_{lof}}{\phi_{lof}}$	$\dfrac{V_{lof}}{V_E}$	$\sigma^2 + n\sigma_\gamma^2$
級間 A	S_A	$\phi_A = k-1$	$V_A = \dfrac{S_A}{\phi_A}$	$\dfrac{V_A}{V_E}$	$\sigma^2 + n\sigma_A^2$
級内 E	$S_E = S_T - S_A$	$\phi_E = n-k$	$V_E = \dfrac{S_E}{\phi_E}$		σ^2
計	S_T	$\phi_T = n-1$			

手順 1　データファイルの作成

表計算ソフトを起動し、図 2.12 に示す形でデータを入力し、csv 形式のファイルとして保存する。このとき、触媒添加量の因子 A を追加的に入力していることに注意[13]。

手順 2　散布図の作成

R コマンダーの《グラフ》▶《散布図》を選択する。横軸に触媒添加量、縦軸に収量を指定して、散布図を作成する（図 2.13）。散布図より、特に外れた値は見当たらず、触媒を増やすと収量が増える傾向が見られる。

---

[13] 因子 A を作らずに、A の代わりに factor(触媒添加量) を用いて分析が可能である。**factor()** は、数値変数を因子（factor）に変換する関数である。

2.7 データに繰り返しがある場合の回帰

表 2.7 触媒添加量と収量

触媒添加量	0	1	2	3
収量	4.3	5.5	5.8	5.9
	3.8	4.9	5.2	6.7
	4.7	4.2	6.5	6.0
	5.0	4.5	5.9	5.3

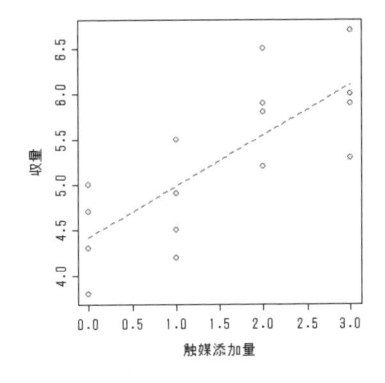

図 2.12 データファイルの作成

図 2.13 散布図（繰り返しのある場合）

手順 3　分散分析表の作成

分散分析表を作成すると、表 2.8 のようになる。R を用いてこの表を作成するには、まず分散分析を行う。R コマンダーの《統計量》▶《モデルへの適合》▶《線形モデル》で、モデル式の左辺（目的変数）に「収量」を、右辺（説明変数）に「A」を入力して OK。次いで《モデル》▶《仮説検定》▶《分散分析表》より、出力ウィンドウに分散分析表 2.8 の下側部分の 1 元配置の分散分析表を求めることができる[14]。

表 2.8 分散分析表

要因	S	ϕ	V	F_0
直線回帰 R	6.385	1	6.385	21.28
当てはまりの悪さ lof	0.618	2	0.309	1.03
級間 A	7.003	3	2.334	7.79*
級内 E	3.595	12	0.300	
計	10.598	15		

$F(3, 12; 0.05) = 3.49, \ F(2, 12; 0.05) = 3.89$

---

[14] 次のコマンドを R Console に入力してもよい。

```
> LinearModel.1 = lm(収量 ~ A , data=Dataset)
> Anova(LinearModel.1)
```

第 2 章 単回帰分析

――［出力ウィンドウ］1 元配置分散分析表 ――
```
> Anova(LinearModel.1)
Anova Table (Type II tests)

Response: 収量
          Sum Sq Df F value   Pr(>F)
A         7.0025  3  7.7914 0.003762 **
Residuals 3.5950 12
---
Signif. codes:  0 '***' 0.001 '**' 0.01 '*' 0.05 '.' 0.1 ' ' 1
```

次に、回帰モデルを作成する。R コマンダーの《統計量》▶《モデルへの適合》▶《線形回帰》で、目的変数に「収量」を、説明変数に「触媒添加量」を指定し、OK 。次いで、《モデル》▶《仮説検定》▶《分散分析表》により、出力ウィンドウに次の結果が表示される。

――［出力ウィンドウ］回帰の分散分析表 ――
```
> Anova(RegModel.1)
Anova Table (Type II tests)

Response: 収量
           Sum Sq Df F value    Pr(>F)
触媒添加量  6.3845  1  21.216 0.0004077 ***
Residuals  4.2130 14
---
Signif. codes:  0 '***' 0.001 '**' 0.01 '*' 0.05 '.' 0.1 ' ' 1
```

これより、上半分部分の直線回帰 R の平方和と自由度がわかる。これら 2 つの出力結果を用いて、繰り返しのある場合の分散分析表（表 2.8）を作成することができる。

手順 4　回帰分析

すでに手順 3 で回帰モデルが作成されている。その出力は次のとおりである。

――［出力ウィンドウ］回帰の要約情報 ――
```
> RegModel.1 <- lm(収量~触媒添加量, data=Dataset)
> summary(RegModel.1)

Call:
lm(formula = 収量 ~ 触媒添加量, data = Dataset)

Residuals:
    Min      1Q  Median      3Q     Max
-0.8100 -0.3787 -0.0950  0.3963  0.9550

Coefficients:
```

```
              Estimate Std. Error  t value Pr(>|t|)
(Intercept)    4.4150    0.2295    19.239  1.82e-11 ***
触媒添加量      0.5650    0.1227     4.606  0.000408 ***
---
Signif. codes:  0 '***' 0.001 '**' 0.01 '*' 0.05 '.' 0.1 ' ' 1

Residual standard error: 0.5486 on 14 degrees of freedom
Multiple R-Squared: 0.6025,Adjusted R-squared: 0.5741
F-statistic: 21.22 on 1 and 14 DF,  p-value: 0.0004077
```

回帰分析の要約情報より触媒添加量は高度に有意であり、回帰式は、触媒添加量を x、収量を y とするとき、

$$\hat{y} = 4.4150 + 0.5650x \tag{2.57}$$

となる。また、この回帰式の寄与率 R^2 は、0.6025（約 60 %）である。

2.8 より拡張された分析をめざして

2.8.1 解析結果の吟味

　解析結果が明確でなかったり、知見に照らして意外なものであったりする場合がある。この原因として、モデルの設定ミス、取得したデータの不備、不適切な推定手法の適用などさまざまな状況が考えられる。これらの原因究明には、散布図を用いてデータについて吟味することに加え、推定後に得られる残差について検討を行うとよい。

　データについては、外れ値が存在しないか、層別の必要性はないかなどについて検討する。測定ミスといった場合は別であるが、外れ値はそれ自体、何らかの異常が生じたことやその異常の結果（大きさや方向）を示している。安易に外れ値を取り除くのではなく、その意味を検討したりダミー変数を用いて外れ値も含んだ形で推定したりすれば、異常の影響も含めて知ることができる。

　モデルについては、線形性や他に重要な要因を見落としていないか、検討する。非線形の関係が見られた場合には、次項で説明する非線形モデルの推定を行えばよい。また、複数の重要要因が存在する場合には、第 3 章で学ぶ重回帰分析を行えばよい。

　2.3 節で、誤差に、不偏性、等分散性、独立性、正規性の 4 つの仮定を置いた。理想的には、すなわち、ランダムにとられたデータを正しいモデルに当てはめた場合には、これらの仮定は概ね満足される。しかし、例えば、重要な要因がモデルから欠如していれば、その重要要因は誤差の一部として取り扱われており、誤差に規則的な動きが生じてしまう。また、説明変数の水準により誤差の分散の大きさが異なる場合や、とりわけ時系列データにおいて誤差に傾向的な動きが見られる場合など、現実に

は、誤差が望ましい性質を保有していない場合が往々にして生じる。誤差は直接観測できないため、その推定値である残差について検討することにより、誤差に関する4条件が満たされているか、確認することができる。

詳しくは、説明変数が複数の場合も含め3.5節において説明するが、ここでは、残差として $e_i(=y_i-\hat{y}_i)$ を用いた解析結果の吟味の方法を紹介する[15]。

残差は、本来なら、癖のない動きをするはずである。回帰分析の後、残差を求め、下記のような分析を行うとよい。

1) ヒストグラムを描き、その分布の形状に癖がないか考察する。残差の分布が正規分布に近いならば、$\pm 3\sigma$ を超える値はめったに生じないはずである。また、$\pm 2\sigma$ を超える値が頻繁に見られるのも不自然である。また、2山型や高原型になっていれば、層別の必要のあるデータを用いて推定しているといった問題の存在を示している。

2) 予測値と残差、説明変数と残差の散布図を描き（残差は常に縦軸に取る）、両者に関係がないかどうかを検討する。

3) 時系列データを用いた分析の場合には、残差の時系列プロットを行い、その動きに傾向がないか、誤差の独立性に問題が生じていないかを確認する。

例題 2-8

適用例（19ページ）の製品粘度データの回帰分析において、残差の動きを検討せよ。

[解] **手順 1** 回帰診断（1）計算結果の保存

回帰分析の結果がモデル名 RegModel.1 として保存されているとする。このとき、回帰分析に関連する計算結果をデータセットに保存しておき、それを計算やグラフ化に再利用することができる。必要に応じてこの機能を利用するとよい。それには、《モデル》▶《計算結果をデータとして保存》を選択し、ダイアログボックスで保存する統計量を選択して OK（図2.14）。ここでは、「予測値」と「残差」、「観測値のインデックス」を選択する。保存後、 データセットを表示 を行うと図2.15が表示される。

なお、保存されたデータの変数名は、「統計量名.モデル名」となる。例えば、fitted（予測値）とモデル名（RegModel.1）をドット（.）で結合したものが、予測値の変数名（fitted.RegModel.1）となる。変数名が長くなるので、 データセットの編集 より変数名をクリックし、それを変更しておくとよい。以下、各変数名を「予測値」、「残差」、「番号」にそれぞれ変更している（図2.16）。

---

[15] 残差にはさまざまな定義があり、それらについても3.5節で詳細に見る。

2.8 より拡張された分析をめざして

―― R コマンダーの機能 ―― 計算結果の保存 ――

R で「線形回帰」を行った際、内部ではさまざまな統計量が計算され、それぞれに名前が付けられている。《計算結果をデータとして保存》メニューでは次の統計量をデータセットに付加して利用可能である。

- fitted   予測値（推定値）$\hat{y}_i$
- residuals   残差 e_i
- rstudent   スチューデント化残差（第 3 章参照）
- hatvalues   ハット値（てこ比 leverage）（第 3 章参照）
- cooks.distance   クックの距離（第 3 章参照）
- obsNumber   観測値のインデックス（サンプル番号）

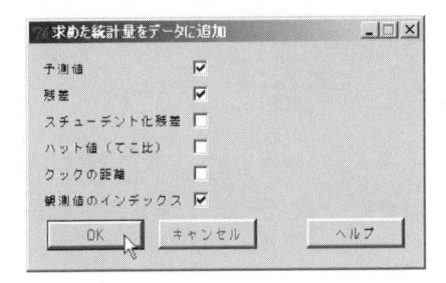

図 2.14 保存する統計量の指定

図 2.15 保存されたデータの確認

図 2.16 変更した変数名

手順 2 回帰診断 (2) 残差のヒストグラムおよび QQ プロット

《グラフ》▶《ヒストグラム》より、変数として「残差」を選択し、残差のヒストグラムを作成すると、図 2.17 の (a) になる。また、《グラフ》▶《QQ プロット》より、「残差」を選択して残差の QQ プロットを作成すると、図 2.17 の (b) となる。

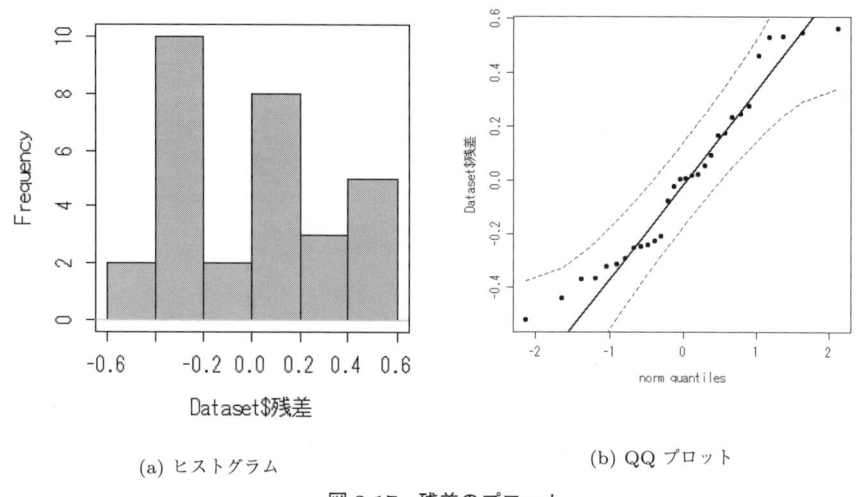

(a) ヒストグラム　　　　　　　　　　(b) QQ プロット

図 2.17 残差のプロット

手順 3 回帰診断 (3) 残差の散布図

予測値 $\hat{y}_i$ と残差 e_i、説明変数 x_i と残差 e_i の散布図を作成する。《グラフ》▶《散布図》より、「x 変数」に「予測値」、「y 変数」に「残差」を指定して、OK (図 2.18 の (a))。同様に、「x 変数」に「原料粘度」、「y 変数」に「残差」を指定して、OK (図 2.18 の (b))。

両散布図とも残差が 2 次曲線を描いて変化している。これは、原料粘度と製品粘度との間に直線的ではなく、曲線的な傾向があることを示している。この情報を取り入れた分析を進める 1 つの方法として、原料粘度の 2 次の項を説明変数として追加し、

$$\text{製品粘度} = \beta_0 + \beta_1 \text{原料粘度} + \beta_2 (\text{原料粘度})^2 \tag{2.58}$$

という回帰分析を行うことが考えられる。この方法は説明変数が 2 つになるため、重回帰分析となる。これについては第 3 章で説明する。

手順 4 回帰診断 (4) 残差の時系列プロット

サンプル番号順にデータが取られている場合には、《グラフ》▶《折れ線グラフ》を用いて、残差の時系列プロットを行う (この例題では必要ない)。

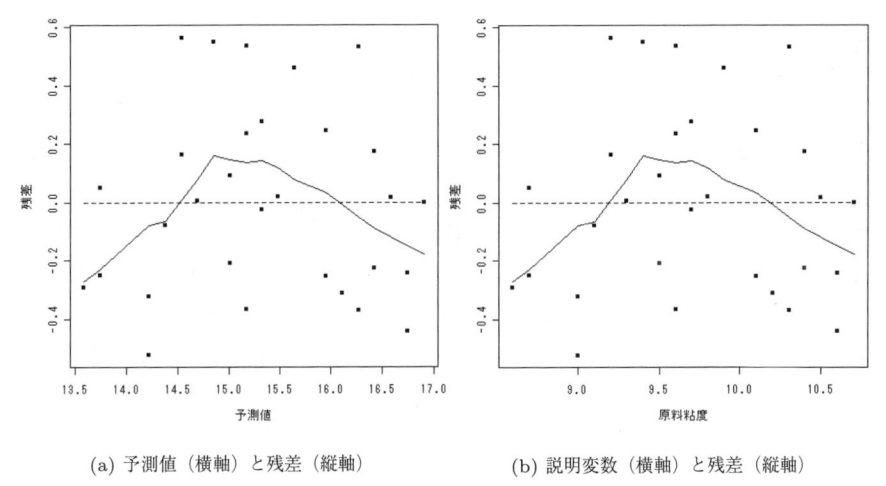

(a) 予測値（横軸）と残差（縦軸)   (b) 説明変数（横軸）と残差（縦軸）

図 2.18　残差の散布図

2.8.2　非線形モデルの推定

最後に、代表的な非線形モデルと、その解析法についてまとめておく。これらは非線形関数の形になっているが、適切に変数変換することにより線形モデルとなり、回帰分析を適用することが可能となる。

(1) 指数関数： $y = \beta_0 x^{\beta_1}$
　この式の両辺の対数を取ると、$\log(y) = \log(\beta_0) + \beta_1 \log(x)$ となる[16]。よって、$\log(y)$ を $\log(x)$ に回帰させると、$\beta_0' = \log(\beta_0)$ および β_1 の推定量の値を得ることができる。

(2) 分数関数： $y = \beta_0 + \dfrac{\beta_1}{x}$
　$x' = \dfrac{1}{x}$ とおくと、$y = \beta_0 + \beta_1 x'$ となる。y を x' に回帰させると、β_0 および β_1 の推定量の値を得る。

(3) (半) 対数関数： $y = \beta_0 + \beta_1 \log(x)$
　$x' = \log(x)$ とおくと、$y = \beta_0 + \beta_1 x'$ となる。y を x' に回帰させると、β_0 および β_1 の推定量の値を得る。

(4) 2 次関数： $y = \beta_0 + \beta_1 x + \beta_2 x^2$
　$z = x^2$ とおき、y を 2 つの変数 x と z に回帰させる。説明変数が 2 つなので、重回帰分析となる（詳しくは第 3 章で学ぶ）。

---

[16] $\log()$ は、底が e の対数関数。

第3章　重回帰分析

3.1　適用例

血糖値（SMBG 値）およびグルコース濃度、ヘマトクリット（血球成分の体積比）を測定したデータがある（表 3.1）。このとき血糖値を目的変数、グルコース濃度とヘマトクリットという 2 つの説明変数を用いて回帰分析を行い、血糖値へのグルコース濃度およびヘマトクリットの影響の大きさを検討したり、説明変数を用いて血糖値を予測したりしたい。

より具体的に述べると、式 (3.1) に示すモデルをデータを用いて構成したい。このとき式の係数部分 ☐ をデータから推定する必要がある。

$$\text{血糖値} = \text{定数} + \boxed{} \times \text{グルコース濃度} + \boxed{} \times \text{ヘマトクリット} + \text{誤差} \quad (3.1)$$

表 3.1　血糖値データ

No.	グルコース濃度（x_1）	ヘマトクリット（x_2）	血糖値（SMBG 値：y）
1	30.6	27	25
2	30.2	38	27
3	29.2	48	29
4	20.5	57	23
5	13.4	72	19
6	52.3	26	45
⋮	⋮	⋮	⋮

データの形式　重回帰分析のデータ形式は表 3.2 のようになる。単回帰分析と同様、説明変数と目的変数を持つ。しかし、単回帰分析と異なるのは、説明変数が複数あることにある。

表 3.2　重回帰分析のデータ行列

No.	x_1	x_2	⋯	x_j	⋯	x_p	y
1	x_{11}	x_{12}	⋯	x_{1j}	⋯	x_{1p}	y_1
⋮	⋮	⋮	⋱	⋮	⋱	⋮	⋮
i	x_{i1}	x_{i2}	⋯	x_{ij}	⋯	x_{ip}	y_i
⋮	⋮	⋮	⋱	⋮	⋱	⋮	⋮
n	x_{n1}	x_{n2}	⋯	x_{nj}	⋯	x_{np}	y_n

3.2 重回帰モデル

第 2 章では目的変数を説明する要因を 1 つ取り上げた単回帰モデルを考えた。しかし現実には、複数個（2 個以上）の説明変数を考える必要がある場合が普通である。例えば、売上高に影響を与える要因として売り場面積、品揃え、値段など多くを考えることができる。実際、売上高がそれら複数個の要因によって表されるマーケティングモデルが考えられている。適用例では、目的変数である血糖値には、グルコース濃度の他にヘマトクリットの影響もあると考えている。

このように説明変数の数 p が 2 以上の場合で、目的変数 y が回帰式と誤差の和で表される場合を **重回帰モデル** という。また、重回帰モデルに基づく分析を **重回帰分析**（multiple linear regression analysis）という。$p = 2$ の場合、このモデルは式 (3.2) のようになる[1]。

$$y = f + \varepsilon = \beta_0 + \beta_1 x_1 + \beta_2 x_2 + \varepsilon \tag{3.2}$$

β_0 を **定数項** または **母切片**、β_1, β_2 を **偏回帰係数**（partial regression coefficient）、これら全てをまとめて **回帰母数** という。また、

$$f = \beta_0 + \beta_1 x_1 + \beta_2 x_2 \tag{3.3}$$

を **重回帰式**（multiple regression equation）という。これは、$\beta_0, \beta_1, \beta_2$ についての線形式（一次式）である。説明変数が 2 つの場合、重回帰式は平面を表し、データと回帰平面との関係は図 3.1 のようになる。

重回帰モデルを n 組の観測値が得られる場合について表すと、

$$y_i = f_i + \varepsilon_i = \beta_0 + \beta_1 x_{i1} + \beta_2 x_{i2} + \varepsilon_i, \quad (i = 1, 2, \ldots, n) \tag{3.4}$$

$$\varepsilon_1, \varepsilon_2, \ldots, \varepsilon_n \overset{i.i.d.}{\sim} N(0, \sigma^2) \tag{3.5}$$

となる。誤差には次の 4 つの仮定を置いている。

1) 不偏性　　2) 等分散性　　3) 独立性　　4) 正規性

---

[1] 本章では以下、$p = 2$ の場合の重回帰分析を見ていくが、$p > 2$ の場合も基本的に同じである。

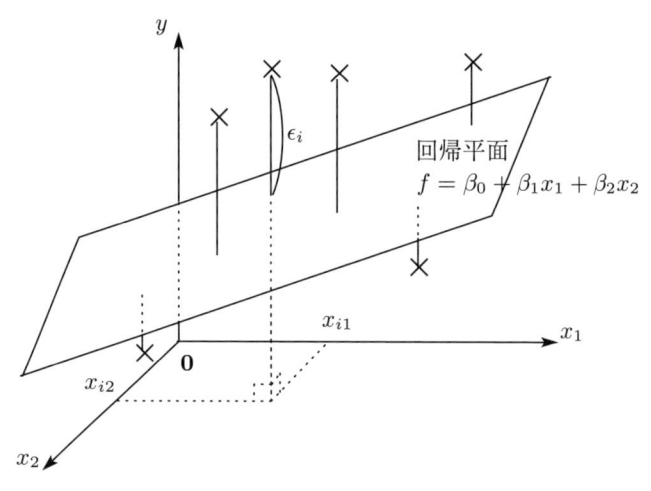

図 3.1　データと回帰平面

参考 – ベクトル・行列による表現

式 (3.4) は、ベクトルや行列を用いて式 (3.6) のように簡潔に表現できる。

$$y = X\beta + \varepsilon \tag{3.6}$$

$$\varepsilon \sim N(\mathbf{0}, \sigma^2 I_n)$$

ただし、

$$y = \begin{pmatrix} y_1 \\ y_2 \\ \vdots \\ y_n \end{pmatrix}, X = \begin{pmatrix} 1 & x_{11} & x_{12} \\ 1 & x_{21} & x_{22} \\ \vdots & \vdots & \vdots \\ 1 & x_{n1} & x_{n2} \end{pmatrix}, \beta = \begin{pmatrix} \beta_0 \\ \beta_1 \\ \beta_2 \end{pmatrix}$$

$$\varepsilon = \begin{pmatrix} \varepsilon_1 \\ \varepsilon_2 \\ \vdots \\ \varepsilon_n \end{pmatrix}, I_n = \begin{pmatrix} 1 & 0 & \cdots & 0 \\ 0 & 1 & \cdots & 0 \\ \vdots & \vdots & \ddots & \vdots \\ 0 & 0 & \cdots & 1 \end{pmatrix}$$

最小 2 乗法

回帰母数をどのようにして決定すればよいだろうか。重回帰式とデータとの関係を図示すると図 3.1 のようになる。そこで、単回帰分析と同様に、残差の平方和が小さい方が平面との当てはまりが良いという基準を設定し、これに基づいて $\beta_0, \beta_1, \beta_2$ を決定する。

推定された回帰母数を $\widehat{\beta}_0, \widehat{\beta}_1, \widehat{\beta}_2$ とし、

$$\widehat{y} = \widehat{\beta}_0 + \widehat{\beta}_1 x_1 + \widehat{\beta}_2 x_2 \tag{3.7}$$

とするとき、**残差**（residual）を

$$e_i = y_i - \widehat{y}_i = y_i - (\widehat{\beta}_0 + \widehat{\beta}_1 x_1 + \widehat{\beta}_2 x_2) \tag{3.8}$$

と定め、残差平方和

$$S_e = \sum_{i=1}^{n} e_i^2 = \sum_{i=1}^{n} \left\{ y_i - (\widehat{\beta}_0 + \widehat{\beta}_1 x_{i1} + \widehat{\beta}_2 x_{i2}) \right\}^2 \tag{3.9}$$

を最小にする $\widehat{\beta}_0, \widehat{\beta}_1, \widehat{\beta}_2$ を求める。この方法を **最小 2 乗法** という。

偏差積和を次のように定義する。

$$S_{ij} = S_{ji} = \sum_{k=1}^{n} (x_{ki} - \bar{x}_i)(x_{kj} - \bar{x}_j) \tag{3.10}$$

$$S_{iy} = S_{yi} = \sum_{k=1}^{n} (x_{ki} - \bar{x}_i)(y_k - \bar{y}) \tag{3.11}$$

そして、偏差積和行列 S を

$$S = \begin{pmatrix} S_{11} & S_{12} \\ S_{21} & S_{22} \end{pmatrix} \tag{3.12}$$

とし，その逆行列 S^{-1} を

$$S^{-1} = \begin{pmatrix} S^{11} & S^{12} \\ S^{21} & S^{22} \end{pmatrix} \tag{3.13}$$

とする[2]。

このとき、回帰母数の推定量は次式となる。

---

2) 逆行列とは元の行列にかけると単位行列（対角成分が 1 で、その他の成分が全て 0 である正方行列）となる行列をいう。今の場合、

$$SS^{-1} = S^{-1}S = \begin{pmatrix} 1 & 0 \\ 0 & 1 \end{pmatrix} \tag{3.14}$$

第 3 章 重回帰分析

―― 公式 – 1 ――

回帰母数の推定量は

$$
\begin{aligned}
\widehat{\beta}_1 &= S^{11} S_{1y} + S^{12} S_{2y} \\
\widehat{\beta}_2 &= S^{21} S_{1y} + S^{22} S_{2y} \\
\widehat{\beta}_0 &= \overline{y} - \widehat{\beta}_1 \overline{x}_1 - \widehat{\beta}_2 \overline{x}_2
\end{aligned}
\tag{3.15}
$$

―― 参考 – 回帰母数を求める手順 ――

残差平方和 S_e を $\widehat{\beta}_0, \widehat{\beta}_1, \widehat{\beta}_2$ について偏微分したものを 0 とおいた次の連立方程式を、$\widehat{\beta}_0, \widehat{\beta}_1, \widehat{\beta}_2$ について解けばよい。

$$\frac{\partial S_e}{\partial \widehat{\beta}_0} = -2 \sum_{i=1}^{n} \left\{ y_i - (\widehat{\beta}_0 + \widehat{\beta}_1 x_{i1} + \widehat{\beta}_2 x_{i2}) \right\} = 0 \tag{3.16}$$

$$\frac{\partial S_e}{\partial \widehat{\beta}_1} = -2 \sum_{i=1}^{n} x_{i1} \left\{ y_i - (\widehat{\beta}_0 + \widehat{\beta}_1 x_{i1} + \widehat{\beta}_2 x_{i2}) \right\} = 0 \tag{3.17}$$

$$\frac{\partial S_e}{\partial \widehat{\beta}_2} = -2 \sum_{i=1}^{n} x_{i2} \left\{ y_i - (\widehat{\beta}_0 + \widehat{\beta}_1 x_{i1} + \widehat{\beta}_2 x_{i2}) \right\} = 0 \tag{3.18}$$

これらを整理すると、次の連立方程式を得る。これを **正規方程式** という。

$$\widehat{\beta}_0 n + \widehat{\beta}_1 \sum_{i=1}^{n} x_{i1} + \widehat{\beta}_2 \sum_{i=1}^{n} x_{i2} = \sum_{i=1}^{n} y_i \tag{3.19}$$

$$\widehat{\beta}_0 \sum_{i=1}^{n} x_{i1} + \widehat{\beta}_1 \sum_{i=1}^{n} x_{i1}^2 + \widehat{\beta}_2 \sum_{i=1}^{n} x_{i1} x_{i2} = \sum_{i=1}^{n} x_{i1} y_i \tag{3.20}$$

$$\widehat{\beta}_0 \sum_{i=1}^{n} x_{i2} + \widehat{\beta}_1 \sum_{i=1}^{n} x_{i1} x_{i2} + \widehat{\beta}_2 \sum_{i=1}^{n} x_{i2}^2 = \sum_{i=1}^{n} x_{i2} y_i \tag{3.21}$$

式 (3.19) より、

$$\widehat{\beta}_0 = \overline{y} - \widehat{\beta}_1 \overline{x}_1 - \widehat{\beta}_2 \overline{x}_2 \tag{3.22}$$

を得る。これを式 (3.20), (3.21) に代入して整理すると

$$\widehat{\beta}_1 S_{11} + \widehat{\beta}_2 S_{12} = S_{1y} \tag{3.23}$$

$$\widehat{\beta}_1 S_{12} + \widehat{\beta}_2 S_{22} = S_{2y} \tag{3.24}$$

―― 参考 – 行列での表現 ――

行列でまとめて書くと

$$S_e = (\boldsymbol{y} - X\widehat{\boldsymbol{\beta}})^{\mathrm{T}} (\boldsymbol{y} - X\widehat{\boldsymbol{\beta}}) \tag{3.25}$$

$$\frac{\partial S_e}{\partial \widehat{\boldsymbol{\beta}}} = -2 X^{\mathrm{T}} (\boldsymbol{y} - X\widehat{\boldsymbol{\beta}}) = \boldsymbol{0} \tag{3.26}$$

より（T は、ベクトル・行列の転置を表す）、正規方程式は、

$$X^{\mathrm{T}} X \widehat{\boldsymbol{\beta}} = X^{\mathrm{T}} y \tag{3.27}$$

となる。これを $\widehat{\boldsymbol{\beta}}$ について解くと、

$$\widehat{\boldsymbol{\beta}} = (X^{\mathrm{T}} X)^{-1} X^{\mathrm{T}} y \tag{3.28}$$

次式 (3.29) を y の説明変数 x_1, x_2 に対する **重回帰式** という。

$$\widehat{y} = \widehat{\beta}_0 + \widehat{\beta}_1 x_1 + \widehat{\beta}_2 x_2 \tag{3.29}$$

偏回帰係数の性質

　偏回帰係数は、対応する説明変数の目的変数に対する寄与の程度を示していると考えられる。しかし、この大きさに基づいて説明変数の寄与度を判断することは通常できない。なぜなら偏回帰係数の値はデータの単位に依存するとともに、他の説明変数との間に関係を持っているからである。以下、偏回帰係数の性質を調べる。

　目的変数 y を x_1 だけで説明する単回帰分析を考えるとき、説明できない部分（残差）を

$$e_{i(1)} = y_i - (\widehat{\beta}_0 + \widehat{\beta}_1 x_{i1}) \tag{3.30}$$

とする。ここで e の添え字 (1) は、x_1 を説明変数としたことを表している。次に、x_2 を目的変数、x_1 を説明変数とする回帰式

$$x_2 = \alpha_0 + \alpha_1 x_1 \tag{3.31}$$

を推定し、その残差

$$e_{i2(1)} = x_{i2} - (\widehat{\alpha}_0 + \widehat{\alpha}_1 x_{i1}) \tag{3.32}$$

を求める。さらに、

$$e_{i(1)} = b_{y0 \cdot 1} + b_{y2 \cdot 1} e_{i2(1)} \tag{3.33}$$

の単回帰式を推定すると、$\widehat{\beta}_2 = \widehat{b}_{y2 \cdot 1}$ が成り立つ。

　一般に次が成立する。

偏回帰係数の性質

　偏回帰係数 $\widehat{\beta}_i$ は、y から x_i 以外の説明変数（$x_1, \ldots, x_{i-1}, x_{i+1}, \ldots, x_p$）の影響を取り除いた残差（つまり、それらを一定としたもとで）の、x_i から x_i 以外の説明変数の影響を取り除いた残差に対する単回帰係数の推定量に等しい。

なお、x_1 と x_2 の相関係数を r_{12} とするとき、

$$V\left(\widehat{\beta_1}\right) = \frac{\sigma^2}{S_{11}(1-r_{12}^2)} \tag{3.34}$$

$$V\left(\widehat{\beta_2}\right) = \frac{\sigma^2}{S_{22}(1-r_{12}^2)} \tag{3.35}$$

となる。よって、説明変数間に相関があると、推定のばらつきにその影響を受ける。この詳細については、3.5.3 項（74 ページ）で説明する。

例題 3-1

表 3.1 のデータについて、血糖値（SMBG 値 y）をグルコース濃度（x_1）とヘマトクリット（x_2）に回帰させる重回帰式を求めよ。

[解] **重回帰分析の手順**

手順 1　データのインポート

《データ》▶《データのインポート》▶《テキストファイルまたはクリップボードから》より、データを読み込む。インポートした結果を データセットを表示 で表示し、正しく読めているかどうかを確認する。

手順 2　予備解析（散布図行列の作成、基本統計量・相関行列の算出）

R コマンダーの《グラフ》▶《散布図行列》より、散布図行列を作成する（図 3.2）。対角位置に示される各変数の密度プロットより、少し右に歪んでいるものの 1 変数としての分布に問題はない。2 変数間の関係については、グルコース濃度と SMBG 値の相関が高く、ヘマトクリットと SMBG 値およびグルコース濃度とヘマトクリットの相関はなさそうである。

次に、数値による要約を行う。R コマンダーの《統計量》▶《要約》▶《数値による要約》を選択し、要約統計量を表示する。

```
―［出力ウィンドウ］数値による要約 ―――――――――――――――――
> numSummary(Dataset[,c("SMBG 値", "グルコース濃度", "ヘマトクリット")],
            statistics=c("mean", "sd", "quantiles"))
                 mean      sd       0%    25%    50%    75%    100%  n
SMBG 値          113.300  91.12634  19.0  34.25  90.50  157.75 281   20
グルコース濃度   112.525  90.05298  13.4  34.20  90.75  152.25 275   20
ヘマトクリット    48.750  16.69187  26.0  36.75  48.50   60.25  76   20
```

相関係数に関しては、《統計量》▶《要約》▶《相関行列》から 3 つの変数を指定し、次に示す相関行列を得る。

3.2 重回帰モデル

```
―[出力ウィンドウ] 相関行列―
> cor(Dataset[,c("SMBG値","グルコース濃度","ヘマトクリット")],use="complete.obs")
                 SMBG値       グルコース濃度    ヘマトクリット
SMBG値          1.00000000     0.99702777     -0.01634931
グルコース濃度   0.99702777     1.00000000     -0.07988738
ヘマトクリット  -0.01634931    -0.07988738      1.00000000
```

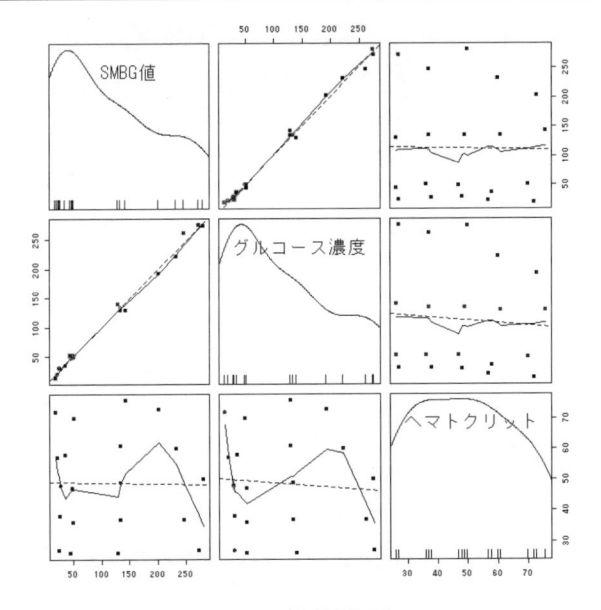

図 3.2 散布図行列

手順 3 モデルの設定

次の重回帰モデルを設定する。

$$y_i = \beta_0 + \beta_1 x_{i1} + \beta_2 x_{i2} + \varepsilon_i \quad (i = 1, 2, \ldots, 20) \tag{3.36}$$

$$\varepsilon_1, \varepsilon_2, \ldots, \varepsilon_n \overset{i.i.d.}{\sim} N(0, \sigma^2) \tag{3.37}$$

手順 4 回帰母数を求める

《統計量》▶《モデルへの適合》▶《線形回帰》を選択する。線形回帰のダイアログボックスで、「目的変数」を「SMBG値」に、「説明変数」を「グルコース濃度」と「ヘマトクリット」に指定する（図3.3）。この結果は、標準でRegModel.1 という名前がつけられ、回帰に関する情報が保存される。名前を変更することもできる。OKをクリックすると、出力ウィンドウに結果が表示されるとともに、R コマンダーのモデル欄にモデル名「RegModel.1」が表示される。

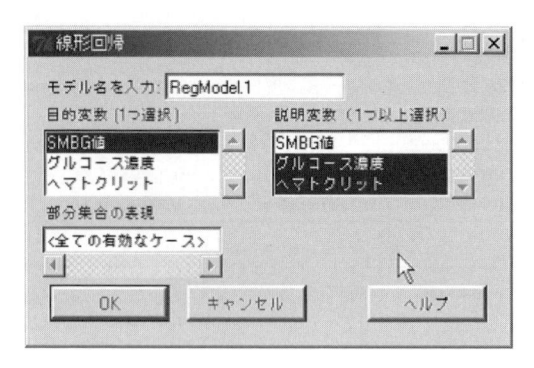

図 3.3 線形回帰のダイアログボックス

[出力ウィンドウ] 回帰の要約情報

```
> RegModel.1 <- lm(SMBG値~グルコース濃度+ヘマトクリット, data=Dataset)
> summary(RegModel.1)
Call:
lm(formula = SMBG値 ~ グルコース濃度 + ヘマトクリット, data = Dataset)

Residuals:
     Min      1Q   Median      3Q     Max
-12.7762 -1.9287   0.5709  2.0880  5.0237

Coefficients:
                Estimate  Std. Error  t value  Pr(>|t|)
(Intercept)    -17.76246     3.29678   -5.388  4.91e-05 ***
グルコース濃度    1.01406     0.01074   94.415  < 2e-16 ***
ヘマトクリット    0.34780     0.05794    6.002  1.43e-05 ***
---
Signif. codes:  0 '***' 0.001 '**' 0.01 '*' 0.05 '.' 0.1 ' ' 1

Residual standard error: 4.202 on 17 degrees of freedom
Multiple R-Squared: 0.9981, Adjusted R-squared: 0.9979
F-statistic:  4458 on 2 and 17 DF,  p-value: < 2.2e-16
```

出力ウィンドウ中、関数 **lm()** で線形モデルを適用している。この利用の仕方は **lm(モデル式,data=データセット名)** である。モデル式は、

目的変数 ~ 説明変数 1 ＋ 説明変数 2 ＋ ⋯ ＋ 説明変数 p

とする。説明変数には、説明変数の積（例えば、「説明変数 1 * 説明変数 2」）や説明変数の 2 乗の項「I(説明変数^2)」を考えることもできる（99 ページの参考参照）。

グルコース濃度、ヘマトクリットともに有意である。回帰式は、出力ウィンドウの Estimate（推定値、つまり回帰母数 β の推定値 $\widehat{\beta}$）の値から、

$$\widehat{y} = -17.762 + 1.014x_1 + 0.348x_2 \tag{3.38}$$

となることがわかる。

練習問題 3-1

A電気(株)ではある製品を製造している。その製品の重要特性は強度であり、それを管理するために製造直後の製品の温度（x_1：°C）および製品中の成分Aの含有率（x_2：%）と強度（y：単位省略）との関係を調べたところ表3.3のデータを得た。y を目的変数、x_1 と x_2 を説明変数とする重回帰モデルを考え、重回帰式を求めよ。

表 3.3　製品強度のデータ表

No.	温度	成分Aの含有率	強度
1	300	7.2	378
2	288	7.3	391
3	260	9.4	540
4	285	6.5	202
5	256	7.3	261
6	290	8.6	584
7	245	7.8	173
8	270	6.8	271
9	224	8.3	217
10	258	7.2	216
11	315	7.3	513
12	281	7.9	374
13	332	8.0	560
14	268	6.8	284
15	255	6.6	95

3.3　当てはまりの良さ

重回帰分析の場合も単回帰分析と同様に、「総平方和 S_T」を「残差平方和 S_e」と「回帰平方和 S_R」に分解できる。総平方和のうちの回帰平方和の割合 R^2 が **寄与率** または **決定係数**（Multiple R-Squared）である。

分散分析表

回帰平方和が残差平方和と比べて有意に大きいかどうかを検定するには、表3.4 に示す分散分析表を作成して行う。分散分析において回帰の効果が有意のとき、回帰モデルに意味があると判断できる（関連した内容として、3.4.2項参照）。

表 3.4 分散分析表

要因	S	ϕ	V	F_0	$E(V)$
回帰 R	S_R	ϕ_R	V_R	$\dfrac{V_R}{V_e}$	$\sigma_e^2 + \dfrac{1}{p}\sum_{j}^{p}\sum_{k}^{p}\beta_j\beta_k S_{jk}$
残差 e	S_e	ϕ_e	V_e		σ_e^2
総変動 T	S_T	ϕ_T			

$$S_R = \sum(\widehat{y}_i - \overline{y})^2, \qquad \phi_R = p\ (= \text{説明変数の個数})$$
$$S_e = \sum(y_i - \widehat{y}_i)^2, \qquad \phi_e = n - p - 1$$
$$S_T = S_{yy} = \sum(y_i - \overline{y})^2, \qquad \phi_T = n - 1$$

データ y と予測値 $\widehat{y}$ の相関係数 $r_{y\widehat{y}}$ を **重相関係数**（multiple correlation coefficient）というが、これと寄与率には次の関係がある。

―――― 公式 − 2 ――――

y と予測値 $\widehat{y}$ の相関係数の 2 乗 $r_{y\widehat{y}}^2 =$ 寄与率 R^2

自由度調整済寄与率

寄与率は、説明変数を増やせば単調に増えるという欠点を持つ。そのため説明変数が多い場合、回帰モデルに対する当てはまりの良さを寄与率を用いて単純に判断することはできない。そこで、変数を増やすことにペナルティーを与える指標を考える。各変動をそれぞれの自由度で割り、S_e を $V_e = \dfrac{S_e}{n-p-1}$ で、S_T を $V_T = \dfrac{S_T}{n-1}$ で置きかえた

$$R^{*2} = 1 - \frac{V_e}{V_T} = \frac{V_T - V_e}{V_T} \tag{3.39}$$

を **自由度調整済寄与率**（Adjusted R-squared）という。重回帰分析では、自由度調整済寄与率を用いて当てはまりの良さを判断する。

―― 例題 3-2 ――

例題 3-1 の SMBG 値を、グルコース濃度とヘマトクリットに回帰させるときの分散分析を行え。また、寄与率および自由度調整済寄与率を求めよ。

[解] 回帰の要約情報の出力結果（60 ページ）で、寄与率 R^2 は Multiple R-Squared の値を、自由度調整済寄与率 R^{*2} は Adjusted R-squared の値を見る。よって、$R^2 = 0.998$,

$R^{*2} = 0.998$ であることがわかる。

分散分析の結果は、最下行に表示されている。F-statistic が F_0 値であり、その自由度が $(\phi_1, \phi_2) = (2, 17)$ である。P 値（p-value）が $2.2e^{-16}$ より小さいので有意である。

練習問題 3-2

練習問題 3-1 で考えた回帰モデルに関して、分散分析を行え。また、寄与率 R^2 および自由度調整済寄与率 R^{*2} を求めよ。

3.4 回帰に関する検定と推定

個々の回帰母数 $\beta_0, \beta_1, \cdots, \beta_p$ に関する検定・推定を考える。モデルは次式である。

$$y_i = \beta_0 + \beta_1 x_{i1} + \cdots + \beta_p x_{ip} + \varepsilon_i \quad (i = 1, 2, \ldots, n) \tag{3.40}$$

$$\varepsilon_1, \varepsilon_2, \ldots, \varepsilon_n \overset{i.i.d.}{\sim} N(0, \sigma^2) \tag{3.41}$$

3.4.1 ゼロ仮説の検定

回帰モデルが全体として有効かどうかを調べたいときは、全ての偏回帰係数が 0 であるかどうかを調べればよい。そこで、次に示す仮説の検定を考える。

$H_0: \beta_1 = \beta_2 = \cdots = \beta_p = 0$
$H_1:$ 少なくとも一つの $\beta_j \neq 0$

この仮説の検定を**ゼロ仮説**の検定という。帰無仮説 H_0 のもとで

$$F_0 = \frac{V_R}{V_e} = \frac{S_R/p}{S_e/(n-p-1)} \sim F(p, n-p-1) \tag{3.42}$$

なので、次の形で検定すればよい。この検定は、3.3 節の分散分析における検定と同じものである。

検定方式 – ゼロ仮説の検定（有意水準 α）

仮説
　$H_0 : \beta_1 = \beta_2 = \cdots = \beta_p = 0$
　$H_1 :$ 少なくとも一つの $\beta_j \neq 0$
について、$F_0 = \dfrac{V_R}{V_e} \geq F(p, n-p-1; \alpha)$ のとき H_0 を棄却し、H_1 を採択する。

練習問題 3-3

表 3.5 に示すデータについて、皮膜厚さを目的変数、気体 A の濃度と磁場の強さを説明変数とする線形回帰モデルを推定し、そのモデルが有効かどうかを検定せよ。

表 3.5　皮膜厚さデータ（単位省略）

No.	気体 A の濃度	磁場強さ	皮膜厚さ
1	0.4	700	430
2	0.4	800	426
3	0.4	900	450
4	0.5	500	412
5	0.5	600	415
6	0.5	800	440
⋮	⋮	⋮	⋮

3.4.2　偏回帰係数に関する検定と推定

(1) 個々の偏回帰係数 β_j

$\widehat{\beta}_j$ の分布は、

$$u = \frac{\widehat{\beta}_j - \beta_j}{\sqrt{S^{jj}\sigma^2}} \sim N(0, 1^2) \tag{3.43}$$

である。σ^2 は未知なので、その推定量 $V_e = \dfrac{S_e}{n-p-1}$ を代入すると、

$$t = \frac{\widehat{\beta}_j - \beta_j}{\sqrt{S^{jj}V_e}} \sim t(n-p-1) \tag{3.44}$$

となる。β_j が、既知の特定の値 β_{j0} に等しいかどうか調べたいとき、仮説

$$H_0 : \beta_j = \beta_{j0} \quad (\Leftrightarrow y_i = \beta_0 + \beta_1 x_{i1} + \cdots + \beta_{j0} x_{ij} + \cdots + \beta_p x_{ip} + \varepsilon_i)$$

$$H_1 : \beta_j \neq \beta_{j0} \quad (\Leftrightarrow y_i = \beta_0 + \beta_1 x_{i1} + \cdots + \beta_j x_{ij} + \cdots + \beta_p x_{ip} + \varepsilon_i)$$

を検定すればよい。

$$t_0 = \frac{\widehat{\beta}_j - \beta_{j0}}{\sqrt{S^{jj}V_e}} \sim t(n-p-1) \tag{3.45}$$

を利用すると、検定方式は次のようになる。

3.4 回帰に関する検定と推定

─── 検定方式 – 個々の偏回帰係数 β_j に関する検定(有意水準 α) ───

仮説
  H_0: $\beta_j = \beta_{j0}$(既知)
  H_1: $\beta_j \neq \beta_{j0}$
について、$|t_0| \geq t(n-p-1, \alpha)$ のとき H_0 を棄却し、H_1 を採択する。

特に、x_j が y の変動の説明に寄与しているかどうか知りたいとき、$\beta_{j0} = 0$ とする。β_j の点推定は $\widehat{\beta_j}$ で行い、信頼率 $100(1-\alpha)$ %の信頼区間は

$$\Pr\left(\frac{|\widehat{\beta_j} - \beta_j|}{\sqrt{S^{jj}V_e}} < t(n-p-1, \alpha)\right) = 1 - \alpha \tag{3.46}$$

を利用して求める。推定方式は次のようになる。

─── 推定方式 ───

偏回帰係数 β_j の点推定量 $\widehat{\beta_j}$ は、

$$\widehat{\beta_j} = S^{j1}S_{1y} + \cdots + S^{jp}S_{py} \quad (j = 1, 2, \ldots, p) \tag{3.47}$$

β_j の信頼率 $100(1-\alpha)$ %の信頼区間は、

$$\widehat{\beta_j} \pm t(n-p-1, \alpha)\sqrt{S^{jj}V_e} \tag{3.48}$$

─── 例題 3-3 ───

例題 3-1 の SMBG 値は、グルコース濃度(x_1)、ヘマトクリット(x_2)の影響を受けているかどうかを有意水準 1 %で検定せよ。さらに、x_1, x_2 の偏回帰係数 β_1, β_2 の 90 %信頼区間をそれぞれ求めよ。

[解] 手順 1 検定

《統計量》▶《モデルへの適合》▶《線形回帰》を選択する。目的変数に「SMBG 値」、説明変数に「グルコース濃度」と「ヘマトクリット」の 2 つを指定し、OK。出力ウィンドウに次の結果が表示される。

─── [出力ウィンドウ] 回帰の要約情報 ───

```
> RegModel.1 <- lm(SMBG 値~グルコース濃度+ヘマトクリット, data=Dataset)
> summary(RegModel.1)

Call:
lm(formula = SMBG 値 ~ グルコース濃度 + ヘマトクリット, data = Dataset)
```

```
Residuals:
    Min      1Q   Median       3Q      Max
-12.7762  -1.9287   0.5709   2.0880   5.0237

Coefficients:
             Estimate Std. Error t value Pr(>|t|)
(Intercept) -17.76246    3.29678  -5.388 4.91e-05 ***
グルコース濃度   1.01406    0.01074  94.415  < 2e-16 ***
ヘマトクリット   0.34780    0.05794   6.002 1.43e-05 ***
---
Signif. codes:  0 '***' 0.001 '**' 0.01 '*' 0.05 '.' 0.1 ' ' 1

Residual standard error: 4.202 on 17 degrees of freedom
Multiple R-Squared: 0.9981,Adjusted R-squared: 0.9979
F-statistic:  4458 on 2 and 17 DF,  p-value: < 2.2e-16
```

グルコース濃度およびヘマトクリットは、P値より1％有意であり、SMBG値へのこれらの影響度が高いことがわかった。

手順2 推定

次に偏回帰係数を推定する。《モデル》▶《信頼区間》を選択すると、信頼区間のダイアログボックスが表示される（図3.4）。「信頼率」を「0.90」に変更し（標準では0.95）、OK。次の結果が出力ウィンドウに表示される。

例えば、グルコース濃度の偏回帰係数 β_1 の90％信頼区間は (0.995, 1.033) である。

```
―[出力ウィンドウ]偏回帰係数の信頼区間―
> Confint(RegModel.1, level=.90)
                     5 %        95 %
(Intercept)   -23.4975557 -12.0273686
グルコース濃度    0.9953775   1.0327458
ヘマトクリット    0.2469970   0.4485998
```

図 3.4 信頼区間のダイアログボックス

(2) 回帰式の信頼区間

3.4 回帰に関する検定と推定

説明変数が $(x_{01}, \ldots, x_{0p})$ のときの観測値の期待値

$$f_0 = \beta_0 + \beta_1 x_{01} + \cdots + \beta_p x_{0p} \tag{3.49}$$

の推定量は、

$$\widehat{f}_0 = \widehat{\beta}_0 + \widehat{\beta}_1 x_{01} + \cdots + \widehat{\beta}_p x_{0p} = \overline{y} + \widehat{\beta}_1(x_{01} - \overline{x}_1) + \cdots + \widehat{\beta}_p(x_{0p} - \overline{x}_p) \tag{3.50}$$

である。このとき

$$V(\widehat{f}_0) = \left(\frac{1}{n} + \frac{D_0^2}{n-1}\right)\sigma^2 \tag{3.51}$$

となる。ここで、

$$D_0^2 = (n-1)\sum_{j=1}^{p}\sum_{k=1}^{p}\left(x_{0j} - \overline{x}_j\right)\left(x_{0k} - \overline{x}_k\right)S^{jk} \tag{3.52}$$

を **マハラノビス (Maharanobis) の距離** という。
$\widehat{f}_0$ の分布は

$$\widehat{f}_0 \sim N\left(f_0, \left(\frac{1}{n} + \frac{D_0^2}{n-1}\right)\sigma^2\right) \tag{3.53}$$

なので、次の推定方式が成り立つ。

推定方式

$x = x_0$ における回帰式 f_0 の推定値は、$\widehat{f}_0 = \widehat{\beta}_0 + \widehat{\beta}_1 x_{01} + \cdots + \widehat{\beta}_p x_{0p}$
f_0 の信頼率 $100(1-\alpha)$ %の信頼区間は、

$$\widehat{f}_0 \pm t(n-p-1, \alpha)\sqrt{\left(\frac{1}{n} + \frac{D_0^2}{n-1}\right)V_e} \tag{3.54}$$

また、$y_0 = \beta_0 + \beta_1 x_{01} + \cdots + \beta_1 x_{0p} + \varepsilon$ の予測方式は次のようになる。

予測方式

$x = x_0$ でのデータ y_0 の予測値は、$\widehat{y}_0 = \widehat{f}_0$
y_0 の信頼率 $100(1-\alpha)$ %の予測区間は、

$$\widehat{y}_0 \pm t(n-p-1, \alpha)\sqrt{\left(1 + \frac{1}{n} + \frac{D_0^2}{n-1}\right)V_e} \tag{3.55}$$

式 (3.54) と比べて、式 (3.55) では V_e の係数が 1 増えている。

例題 3-4

例題 3-1 のデータに関して、説明変数の値に対する回帰式 $f_0 = \beta_0 + \beta_1 x_{01} + \beta_2 x_{02}$ の信頼率 95 %の信頼区間を求めよ。また、将来予測される血糖値 y_0 の信頼率 95 %の予測区間を求めよ。

[解]《線形回帰》メニューで得た回帰モデルを「RegModel.1」とするとき、R Console に次のコマンドを入力する。出力結果で、「fit」が推定値である。また、「lwr」（<u>l</u>ower：下側）および「upr」（<u>up</u>per：上側）が、信頼率 95 %の信頼区間の信頼下限および信頼上限である。

```
R Console

> predict(RegModel.1,Dataset,int="c")
       fit      lwr      upr
1  22.65838  18.75503  26.56173
2  26.07854  22.99151  29.16557
3  28.54246  25.79801  31.28691
4  22.85031  19.85690  25.84372
5  20.86745  16.86305  24.87185
 ....
```

予測を行うには、R Console に次のコマンドを入力する。出力結果で、「fit」が予測値である。また、「lwr」および「upr」が、95 %予測区間の下限および上限である。

```
R Console

> predict(RegModel.1,Dataset,int="p")
       fit      lwr      upr
1  22.65838  12.97073  32.34604
2  26.07854  16.69002  35.46706
3  28.54246  19.26095  37.82398
4  22.85031  13.49216  32.20846
5  20.86745  11.13864  30.59626
 ....
```

3.5　回帰診断

回帰分析において、仮定したモデルが妥当かどうか、つまり、
- データとモデルのずれが大きくないか
- データの分布などに関する仮定は満たされているか

- 影響の大きいデータはないか

などを調べることが重要である。そのための方法がいろいろ考えられており、残差分析、感度分析、多重共線性の検出等がよく行われる。

寄与率 R^2 が大きい、係数が t 検定で有意だからといってもモデルがデータに適合していると単純にはいえない。例えば、図 3.5 に示すデータのパターンを見ると、(a) 以外はデータのばらつき方に癖があり、(b) や (c) は線形性や誤差に関する仮定が満足されていない。(d) にもデータのとり方に大きな問題がある。しかし、相関係数や偏回帰係数の推定値、寄与率等はほとんど同じ値となる[3]。このように、データに内在する固有の癖を見逃すと誤った解釈をしかねない。それを防ぐ簡単かつ効果的な方法として、残差を検討することがある。

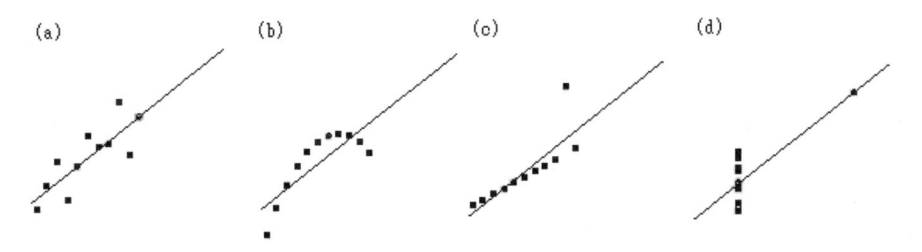

図 3.5　寄与率は同じだがパターンが違う場合–アンスコムのデータ

3.5.1　残差分析

残差分析（residuals analysis）では次を調べる。
- 異常値や **外れ値**（outlier）がないか
- 回帰式は、説明変数の線形式（一次式）と考えてよいか
- 誤差の 4 条件（独立性、等分散性、正規性、不偏性）が満たされているか
- 特に影響を与えているデータはないか

残差の検討を行うには、残差の性質を知る必要がある。そのためまず、残差の分布を調べる。

---

[3] アンスコム（F. Anscombe）の人工データより。R のパッケージ **alr3** に含まれる（データセット名：**anscombe**）。次のコマンドで利用可能。

```
R Console
> library(alr3)
> data(anscombe)
```

回帰モデル $y = X\beta + \varepsilon$ での回帰母数の推定量は $\widehat{\beta} = (X^\mathrm{T} X)^{-1} X^\mathrm{T} y$ で、予測値は、

$$\widehat{y} = X\widehat{\beta} = X(X^\mathrm{T} X)^{-1} X^\mathrm{T} y \tag{3.56}$$

であった。ここで、y の係数を H とし、その要素を、

$$H = X(X^\mathrm{T} X)^{-1} X^\mathrm{T} = \begin{pmatrix} h_{11} & \cdots & h_{1n} \\ \vdots & \ddots & \vdots \\ h_{n1} & \cdots & h_{nn} \end{pmatrix} \tag{3.57}$$

とおく。H を **射影行列** という。これは、データ y に H を作用させると、

$$\widehat{y} = H y \tag{3.58}$$

となることから、**ハット行列** ともいう。

(1) 残差の分布

残差 $e_i = y_i - \widehat{y}_i$ の期待値と分散・共分散は、

$$E(e) = \mathbf{0} \tag{3.59}$$
$$V(e) = \sigma^2 (I - H) \tag{3.60}$$

となる。データ数 n が多いとき、e_i は母平均 0 の正規分布に独立に従うと考えてよい。

(2) 残差のプロット

残差 e_i を標準化して、それを利用して誤差の仮定のチェックに利用する。標準化の方法はさまざま提案されている。h_{ii} をハット行列の対角要素とするとき、

$$e'_i = \frac{e_i}{\sqrt{(1 - h_{ii}) V_e}} \tag{3.61}$$

を **標準化残差** (standardized residual) という。また、$\widehat{y}_{(i)}$ を、i 番目の観測値を除いて回帰式を当てはめたときの y の予測値とするとき、

$$e^*_i = \frac{y_i - \widehat{y}_{(i)}}{\sqrt{\widehat{V}(y_i - \widehat{y}_{(i)})}} \tag{3.62}$$

を **スチューデント化残差** という。

こうした残差を、以下の手法を用いて分析する。

1) 残差のヒストグラム・残差の QQ プロット

残差が正規分布しているかどうかを、ヒストグラムを描いて視覚的に確認する。正

規 QQ プロットを作成すれば、より直接的に正規性をチェックすることができる。

2) 残差の時系列プロット

打点された点の時系列としての並び方に癖（傾向、中心からの変動の大きさ）がないかどうか、例えば、

- 右上がりか右下がりか
- 周期性があるか
- 直線的か曲線的か
- 残差の大きさの変化

などをチェックする。

時系列プロットに関連して、残差が互いに無相関であるかどうかを定量的に評価するために、次に示す**ダービン・ワトソン**（**Durbin-Watson**）比 DW を利用できる。

$$DW = \frac{\sum_{i=2}^{n}(e_i - e_{i-1})^2}{\sum_{i=1}^{n} e_i^2} \tag{3.63}$$

DW は 0 から 4 の間の値を取る。残差がランダムに変動していれば、ほぼ 2 となるが、正の自己相関があれば 2 より小さく、負の自己相関があれば 2 より大きくなる。よって DW が 2 から大きくずれている場合には独立性を疑い、調べる必要がある。

3) 残差と予測値、残差と説明変数との散布図

予測値（$\hat{y_i}$）または説明変数を横軸に、残差・標準化残差・スチューデント化残差を縦軸にとり、散布図を描く。例えば、$\hat{y_i}$ を横軸に、残差 e_i を縦軸にとってプロットする。図 3.6 のようなパターンが表れるとき、以下のように考察する。

図 3.6 の (a) のように、点の並び方に癖がない場合は、誤差としての性質が満足されていると判断して問題ない。(b) の場合、ばらつきが次第に大きくなっており、等分散性が成り立っていないと考えられる。そこで、データの変換等により等分散になるようにして解析する必要がある。(c) の場合、少数の異常値が存在することが疑われ、それらのデータについて調査する必要がある。(d) の場合は、1 次の項のみではなく 2 次の項や積の項などをつけ加えるか、y_i の変数変換を行うかどうかを検討する必要がある。

4) 偏回帰プロット

説明変数の組を $\mathbf{x} = \{x_1, x_2, \ldots, x_p\}$ とし、これから変数 x_j を取り除いた組を $x_{(-j)}$ と表す。また、y を $x_{(-j)}$ に回帰させたときの推定値を $\hat{y}_{(-j)}$、その残差を $e_{y(-j)} = y_i - \hat{y}_{(-j)}$、$x_j$ を $x_{(-j)}$ に回帰させたときの推定値を $\hat{x}_{j(-j)}$、その残差を $e_{x(-j)} = x_j - \hat{x}_{j(-j)}$ とする。

(a) (b)

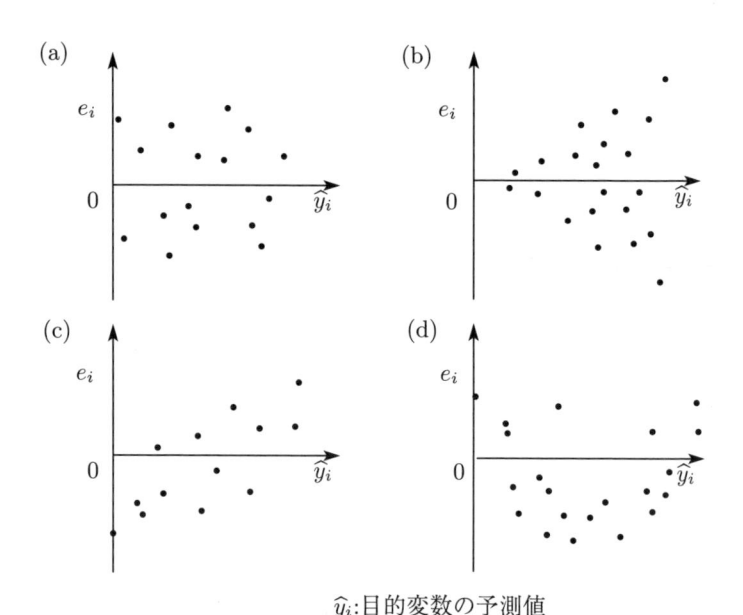

(c) (d)

$\widehat{y_i}$:目的変数の予測値

図 3.6　予測値（横軸）と残差（縦軸）の散布図

このとき，**偏回帰プロット**（ partial regression plot または added-variable plot）は，$(e_{x(-j)}, e_{y(-j)})$ の散布図であり，偏回帰係数の推定に影響を与えている観測値があるかどうかをチェックするのに利用することができる。

偏回帰係数の性質（57 ページ）からわかるように，$e_{y(-j)}$ を $e_{x(-j)}$ に回帰させたときの回帰係数は $\widehat{\beta}_j$ と一致するので，偏回帰プロットで現れる回帰直線の傾きと等しい。すると，偏回帰プロットを描き，そこに現れた単回帰直線と観測値との関係を見ることにより，観測値が偏回帰係数の決定に与えている影響を見ることができる。

例えば，図 3.7 のような偏回帰プロットを得たとき，データ x_a, x_b は傾きが小さくなる方向に，データ x_c, x_d は傾きが大きくなる方向に偏回帰係数の決定に影響を与えていると判断できる。なお，横軸の「$x_i|$ others」は，「x_i 以外の説明変数の影響を取り除いた x_i」を意味する（縦軸も同じ）。

3.5.2　感度分析

ある観測値がある場合とない場合で分析結果に大きな違いがある場合，そのデータの取り扱いには注意を要する。そのような影響力の大きい観測値を見つけたりその影響度を計ったりするには，次のように行う。

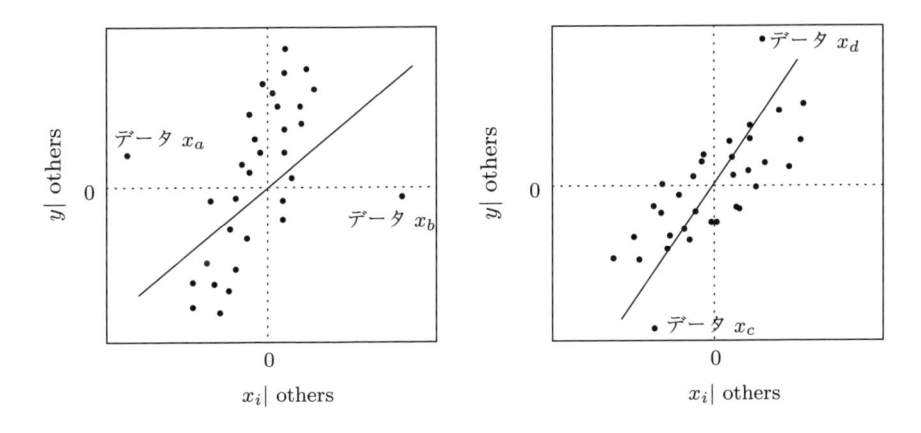

図 3.7 偏回帰プロット

(1) 外れ値の検出

射影行列（式 (3.57)）の対角要素 h_{ii} を、**てこ比** または **レベレッジ**（leverage）という。この値は予測値に対してさまざまな影響を与える。例えば、式 (3.58) より、

$$\widehat{y_i} = \sum_{k=1}^{n} h_{ik} y_k = h_{i1}y_1 + \cdots + h_{ik}y_k + \cdots + h_{in}y_n \tag{3.64}$$

である。これより、y_i の値が 1 単位変化すると、$\widehat{y_i}$ は h_{ii} だけ変化する。よって h_{ii} は、i 番目の観測値 y_i が回帰直線を自分の方に引き寄せるてこ（レバー）のような力の大きさを表す量と考えることができるので、てこ比と名づけられた。また、$\varepsilon \sim N(0, \sigma^2)$ より、$\widehat{y_i}$ の分散は $V(\widehat{y_i}) = h_{ii}\sigma^2$ となるので、h_{ii} が予測値のばらつきへの影響を表す尺度になる。

このようにてこ比に大きいものがあると、特定のデータが回帰平面の決定に大きな影響を与えていることになり、良くない。h_{ii} の平均を考え、これの 2 から 3 倍より大きな値が存在するとき、そのサンプルの影響が大きいと判断することができる。$\sum_{i=1}^{n} h_{ii} = p$ なので、この基準は次のようになる。

$$h_{ii} \geq \frac{p+1}{n} \text{の 2 から 3 倍} \tag{3.65}$$

(2) 個々のデータの回帰係数への影響

i 番目のサンプルが回帰に対して与える影響の大きさを測る尺度として、**クック（Cook）の距離**（Cook's distance）またはクックの統計量がある。クックの距離は、てこ比の効果と残差の大きさを総合化した指標となっており、0.5 または 1 を超える値があると、その値を持つデータは回帰係数の推定に大きな影響を与えていると判断できる。

3.5.3 多重共線性

説明変数が 2 変数のとき、式 (3.34) または (3.35) からわかるように、相関が高いと（r_{12} が ± 1 に近い）、回帰母数の推定量の分散が大きくなる。p 変数の場合も同様に、回帰母数の推定値 $\hat{\boldsymbol{\beta}}$ が不安定となる[4]。このような状態を、**多重共線性**（multicolinearity：マルチコと略していうこともある）があるという。そして、それを検出するための量として、**トレランス**（t：tolerance）や **分散拡大要因**（**VIF**：Variance Inflation Factor）がある。各変数 x_j を他の $p-1$ 個の変数に回帰するときの寄与率 R_j^2 を用いて、トレランス t_j と分散拡大要因 VIF_j は、それぞれ

$$t_j = 1 - R_j^2 \tag{3.66}$$
$$VIF_j = \frac{1}{1-R_j^2} = \frac{1}{t_j} \tag{3.67}$$

で定義される。これらの量を用いて、次のように多重共線性を判定する。

――――――――― 多重共線性の判定 ―――――――――
t_j：小さい、または VIF_j：大きい $\implies$ 多重共線性がある
――――――――――――――――――――――――

多重共線性が存在する場合、その対応策として
- 主成分回帰
- リッジ（ridge）回帰
- クラスター分析を行い、各クラスターを代表する説明変数にしぼって回帰する

などがある。

3.5.4 偏残差プロット

偏残差プロット（partial-residual plot）は、説明変数を横軸に、偏残差を縦軸に取る散布図で、要素＋残差プロット（component+residual plot）ともいう。R コマンダーの出力では、回帰直線と平滑線も描かれ、これにより非線形性のチェックができる。例えば、図 3.8 のような偏残差プロットを得た場合、非線形の関係が表れているので説明変数の変換（2 乗の項を考える等）を検討する。

---

[4] 正規方程式 $X^\mathrm{T} X \boldsymbol{\beta} = X^\mathrm{T} \boldsymbol{y}$ の $\boldsymbol{\beta}$ に関する解 $\hat{\boldsymbol{\beta}}$ は式 (3.28) より与えられる。説明変数間の相関が高い場合、行列 $X^\mathrm{T} X$ の行列式は 0 に近くなる。

Component + Residual Plot

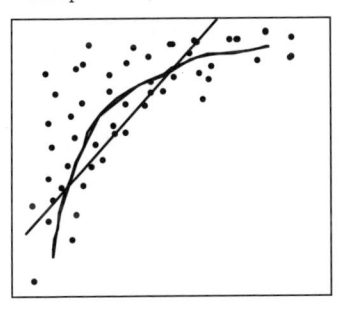

図 3.8 偏残差プロット

3.5.5 基本的診断プロット

> **例題 3-5**
>
> 例題 3-1 の血糖値データに関して、回帰診断（残差分析、感度分析、多重共線性等）を行え。

手順 1 計算結果の保存

R および R コマンダーを用いた回帰診断の方法はいくつかある。もっとも直接的な方法は、線形回帰を行った際に計算されているさまざまな統計量の値をデータセットに保存しておいて、それを回帰診断で利用することである。

R コマンダーの《モデル》▶《計算結果をデータとして保存》より、予測値 (fitted)、残差 (residuals)、スチューデント化残差 (rstudent)、ハット値 (hatvalues)、クックの距離 (cooks.distance)、サンプル番号 (obsNumber) を保存することができるが、この方法については 49 ページで見た。

[データセットを表示] をクリックすると、図 3.9 のように計算結果が保存されていることがわかる。変数名が長くなるため、[データセットの編集] より、変数名を簡潔にしておくとよい（図 3.10）。

手順 2 スチューデント化残差のヒストグラム、QQ プロット

まず、スチューデント化残差に関する図を作成する。スチューデント化残差のヒストグラムおよび QQ プロットを作成すると、図 3.11 となる。ヒストグラムおよび QQ プロットより、1 点飛び離れた点があることがわかる。そのデータのサンプル番号は 17 である。

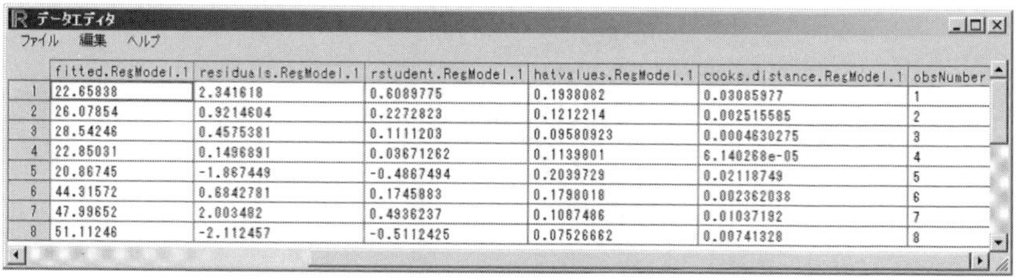

R データエディタ
ファイル　編集　ヘルプ

	fitted.RegModel.1	residuals.RegModel.1	rstudent.RegModel.1	hatvalues.RegModel.1	cooks.distance.RegModel.1	obsNumber
1	22.65838	2.341618	0.6089775	0.1938082	0.03085977	1
2	26.07854	0.9214604	0.2272823	0.1212214	0.002515585	2
3	28.54246	0.4575381	0.1111203	0.09580923	0.0004630275	3
4	22.85031	0.1496891	0.03671262	0.1139801	6.140268e-05	4
5	20.86745	-1.867449	-0.4867494	0.2039729	0.02118749	5
6	44.31572	0.6842781	0.1745883	0.1798018	0.002362038	6
7	47.99652	2.003482	0.4936237	0.1087486	0.01037192	7
8	51.11246	-2.112457	-0.5112425	0.07526662	0.00741328	8

図 3.9　保存されたデータ

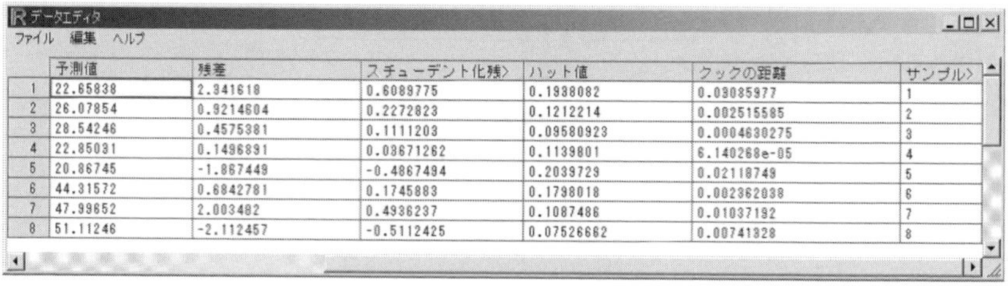

R データエディタ
ファイル　編集　ヘルプ

	予測値	残差	スチューデント化残>	ハット値	クックの距離	サンプル>
1	22.65838	2.341618	0.6089775	0.1938082	0.03085977	1
2	26.07854	0.9214604	0.2272823	0.1212214	0.002515585	2
3	28.54246	0.4575381	0.1111203	0.09580923	0.0004630275	3
4	22.85031	0.1496891	0.03671262	0.1139801	6.140268e-05	4
5	20.86745	-1.867449	-0.4867494	0.2039729	0.02118749	5
6	44.31572	0.6842781	0.1745883	0.1798018	0.002362038	6
7	47.99652	2.003482	0.4936237	0.1087486	0.01037192	7
8	51.11246	-2.112457	-0.5112425	0.07526662	0.00741328	8

図 3.10　変更した変数名

手順 3　スチューデント化残差の散布図

次に、予測値（横軸）とスチューデント化残差、説明変数（横軸）とスチューデント化残差との散布図を作成する（図 3.13 の左上に対応）。

手順 4　クックの距離、VIF

クックの距離をプロットするには、横軸にサンプル番号、縦軸にクックの距離をとって散布図を作成すればよい（図 3.12）。やはり、極端に大きなクックの距離を持つサンプルがある（サンプル番号 17）。

分散拡大要因 VIF を求めるには、パッケージ **car** にある関数 **vif()** を、「**vif(モデル名)**」の形で利用する。R Console に次のコマンドを入力する[5]。VIF の値はいずれもほぼ 1 であり、問題はない（説明変数が 2 つなので、両者は等しい）。

R Console

```
> vif(RegModel.1)
グルコース濃度 ヘマトクリット
      1.006423       1.006423
```

5）R コマンダーの起動とともにパッケージ **car** は起動されているので、改めて起動する必要はない。

(a) ヒストグラム　　　　　　　(b) QQ プロット

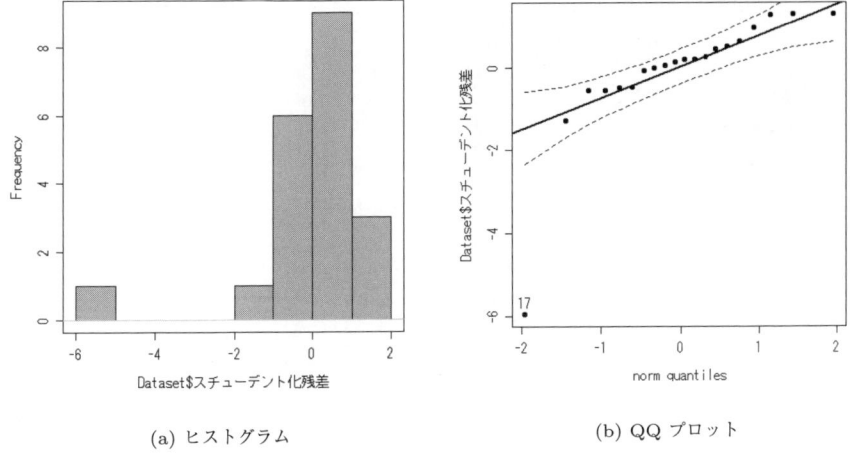

図 3.11　スチューデント化残差のプロット

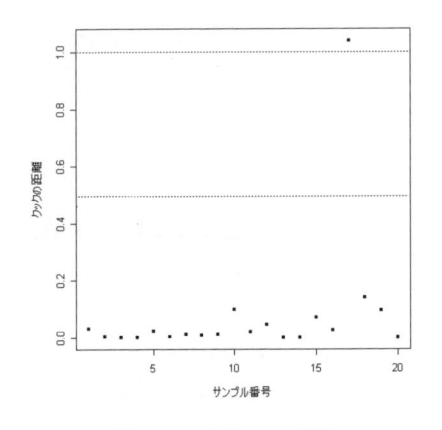

図 3.12　クックの距離

手順 5　基本的診断プロット

これまでに説明した図のいくつかは、R コマンダーの《モデル》▶《グラフ》▶《基本的診断プロット》を選択することで作成することができる。これにより図 3.13 に示す 4 つの図が表示される。

- 左上の図は、横軸が予測値（$\hat{y}_i$）、縦軸が残差（e_i）の散布図で、残差の並び方にパターンがあるとき、残差の中に情報が残っていると判断できる。この情報を、より良いモデル作りに役立てることができる。カーブを描いていれば、目的変数や説明変数の変数変換を行ったり、今の図のように、傾向を持って上

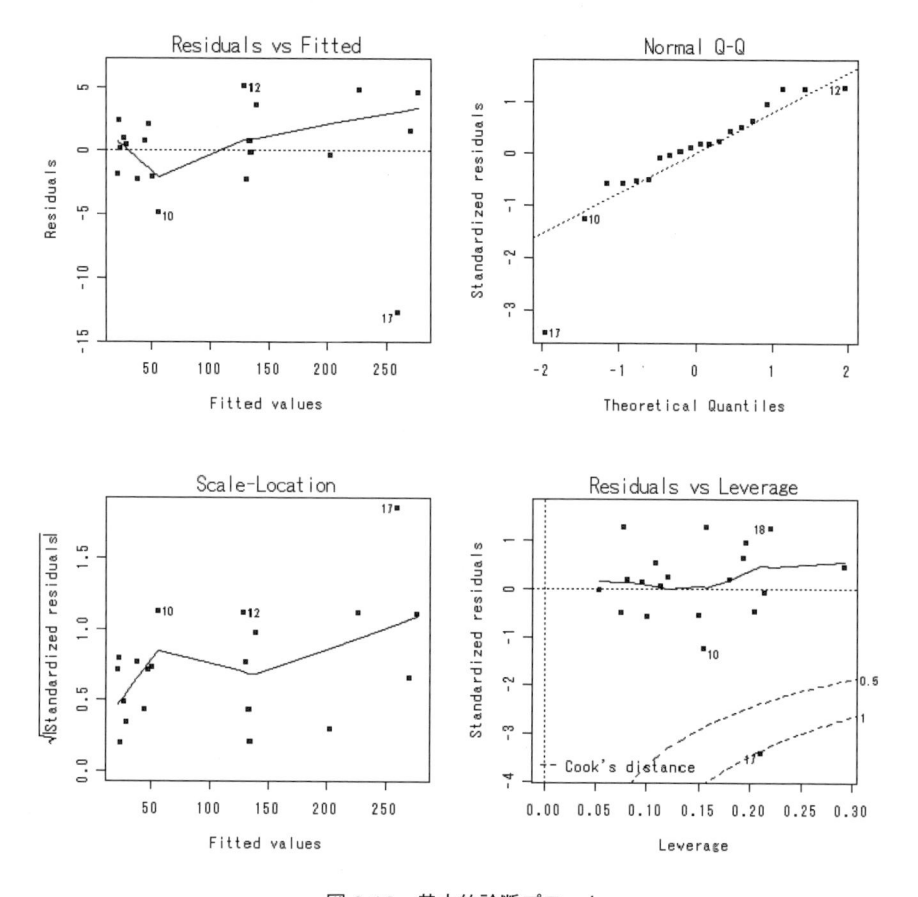

図 3.13　基本的診断プロット

昇している場合、外れ値の可能性が示唆される（サンプル番号 17）。
- 右上は、残差の正規 QQ プロットで、残差の正規性のチェックや外れ値の可能性をチェックできる。やはり、サンプル番号 17 のデータが外れ値の可能性がある。
- 左下は、横軸が予測値、縦軸が標準化残差の絶対値の平方根の散布図で、左上の図で残差がマイナスのものをプラスにしたものである。これが三角形の形でばらついていると、等分散性の仮定が崩れている可能性がある。
- 右下は、横軸がてこ比（Leverage）、縦軸が標準化残差の散布図である。また、この散布図にはクックの距離が表示されている。サンプル番号 17 のクックの距離が 1 を超えていることがわかる。

3.5 回帰診断

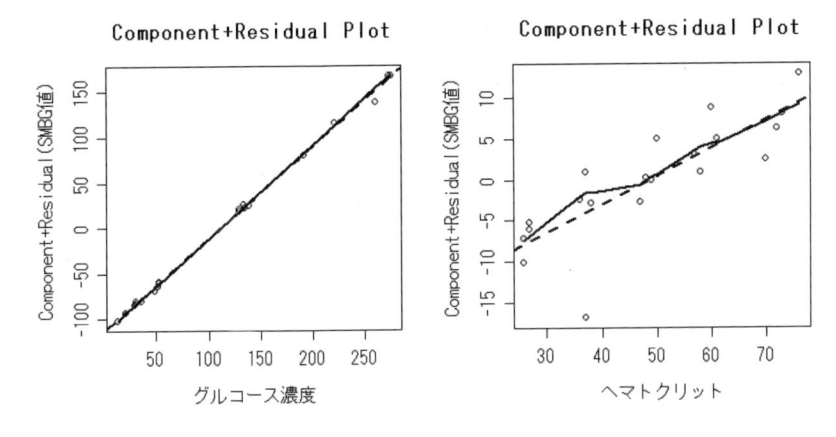

図 3.14 偏残差プロット

他に、《モデル》▶《グラフ》▶《偏残差プロット》を選択すると、図 3.14 に示す偏残差プロットが表示される。破線と直線の乖離が大きいとき、その乖離のパターンを見ることにより、非線形性のチェックを行うことができる。今は、ほぼ同じ動きをしており、この問題はない。

以上の結果より、サンプル番号 17 が外れ値の可能性があり、このデータを取り除いた回帰分析を行うことを検討する。では、これをどう実行すればよいだろうか。この方法を、次に見よう。

3.5.6 部分データセットに対する重回帰分析

R コマンダーの《統計量》▶《モデルへの適合》▶《線形回帰》のダイアログボックスで、目的変数（SMBG 値）、説明変数（グルコース濃度、ヘマトクリット）を指定する。[部分集合の表現] に「−17」を入力し[6]、OK。次の結果が出力ウィンドウに表示される。

――[出力ウィンドウ] サンプル番号 17 のデータを取り除いた重回帰分析――
```
> LinearModel.1 <- lm(SMBG値 ~ グルコース濃度 + ヘマトクリット, data=Dataset,
                      subset=-17)
> summary(LinearModel.1)

Call:
lm(formula = SMBG値 ~ グルコース濃度 + ヘマトクリット, data = Dataset,
    subset = -17)
```

---
[6]「− **行番号**」で、その行番号のデータを分析で利用しないことを指定する。

```
Residuals:
    Min      1Q  Median      3Q     Max
-4.1137 -1.6518  0.1196  1.5293  3.5591

Coefficients:
              Estimate Std. Error t value Pr(>|t|)
(Intercept)  -17.226570   1.898590  -9.073 1.04e-07 ***
グルコース濃度    1.029219   0.006683 153.998  < 2e-16 ***
ヘマトクリット    0.318416   0.033697   9.450 6.00e-08 ***
---
Signif. codes:  0 '***' 0.001 '**' 0.01 '*' 0.05 '.' 0.1 ' ' 1

Residual standard error: 2.417 on 16 degrees of freedom
Multiple R-Squared: 0.9993,Adjusted R-squared: 0.9992
F-statistic: 1.188e+04 on 2 and 16 DF,  p-value: < 2.2e-16
```

なお、関数 lm() の中のパラメータで、「subset=−17」が、17 を除いた部分集合（subset）を分析に利用することを指定している。複数を取り除く場合は、「−c(番号 1, 番号 2, ⋯)」の形で指定する。

回帰分析の結果をモデル名（例えば、RegModel.1）を付けて保存しておくと、これまで見てきたさまざまな統計量は、このモデルから抽出することができる。このとき、次の関数を利用する。

1) 残差（residuals）　　**residuals(モデル名)**
2) スチューデント化残差　**rstudent(モデル名)**
3) ハット値（hat values）　**hatvalues(モデル名)**
4) クックの距離（cook's distance）　**cookd(モデル名)**

練習問題 3-4

皮膜厚さのデータ（練習問題 3-3）に関して、残差分析、感度分析、多重共線性の検討を行え。

3.6 変数選択

回帰分析において、あらかじめ利用する変数が決まっていることはない。特性に影響を与えている変数は何か、またそれらはいくつかなどをデータに基づいて検討することが必要である。このとき、次のようなことが生じるので注意が必要である。

> 回帰分析において、余分な説明変数があると推定量のばらつきが増える。
> 説明変数が足りないと、推定に **かたより** が生じるが、ばらつきは小さくなる。

よって、必要な説明変数を把握して、モデルに正しく反映する必要がある。必要な変数を選択することを **変数選択** という。変数選択のためのさまざまな統計的方法が提案されているので、それらの手順と変数の追加・除去の判断基準を見ていく。

--- **参考** – 余分な説明変数がある場合 ---

真のモデル： $y = \beta_0 + \beta_1 x_1 + \varepsilon$

仮定したモデル： $y = \beta_0 + \beta_1 x_1 + \beta_2 x_2 + \varepsilon$

の場合、仮定したモデルのもとでの推定量 $\tilde{\beta}_1 = S^{11}S_{1y} + S^{12}S_{2y}$ の期待値と分散は、

$$E(\tilde{\beta}_1) = \beta_1, \quad V(\tilde{\beta}_1) = S^{11}\sigma^2 \tag{3.68}$$

となる。ここで、

$$S^{11} = \frac{S_{22}}{S_{11}S_{22} - (S_{12})^2} = \frac{1}{S_{11}\left(1 - r_{12}^2\right)}$$

である。また、真のモデルのときの β_1 の推定量 $\hat{\beta}_1 = \dfrac{S_{1y}}{S_{11}}$ の分散は、$V(\hat{\beta}_1) = \dfrac{\sigma^2}{S_{11}}$ なので、$r_{12} \neq 0$ のとき

$$V(\tilde{\beta}_1) > V(\hat{\beta}_1)$$

--- **参考** – 説明変数が足りない場合 ---

真のモデル： $y = \beta_0 + \beta_1 x_1 + \beta_2 x_2 + \varepsilon$

仮定したモデル： $y = \beta_0 + \beta_1 x_1 + \varepsilon$

のとき、仮定したモデルでの推定量 $\hat{\beta}_1$ の期待値は

$$E(\widehat{\beta}_1) = E\left\{\frac{1}{S_{11}}\sum_{i=1}^{n}(x_{i1}-\overline{x}_1)y_i\right\} = \frac{1}{S_{11}}\sum_{i=1}^{n}(x_{i1}-\overline{x}_1)E(y_i)$$
$$= \frac{1}{S_{11}}\sum_{i=1}^{n}(x_{i1}-\overline{x}_1)(\beta_0+\beta_1 x_{i1}+\beta_2 x_{i2}) = \beta_1 + \frac{S_{12}}{S_{11}}\beta_2$$

となり、$S_{12} \neq 0$ のとき かたより が生じる。また分散は、$r_{12} \neq 0$ のとき

$$V(\widehat{\beta}_1) = \frac{\sigma^2}{S_{11}} < V(\widetilde{\beta}_1) = S^{11}\sigma^2 = \frac{\sigma^2}{S_{11}(1-r_{12}^2)} \tag{3.69}$$

である。

3.6.1 変数選択の方法

変数選択するときの、変数を追加したり除去したりする方法として、以下のようなものがある。

(1) 変数指定法

過去の知識・経験や固有技術から、変数を指定する方法である。

(2) 総当たり法

p 個の説明変数を取り上げ、すべての組合せについて重回帰式を計算し、選択基準を最適とする変数の組合せを選択する方法である。計算すべき総組数は $2^p - 1$ あるため[7]、p の数が大きいと計算量が増大する。

(3) 逐次選択法（ステップワイズ法：stepwise method）

変数を逐次、選択していく方法である。その方法には、以下のようなものがある。

- 変数増加法（ forward selection method）　変数なしの状態から出発し、基準とする量の増加が最大となる変数を 1 つずつ加えていく方法。
- 変数減少法（ backward elimination method）　最初、p 個の説明変数全部を含めた回帰分析を行い、それから変数を 1 つずつ除去していく方法。
- 変数増減法・変数減増法　最初、変数なしまたは全変数を含む状態から出発し、変数の出し入れを基準によって決めていく方法。

3.6.2 変数選択の基準

変数を追加・除去する際の基準には、以下のような量が使われている。

(1) t 値

---

[7] 1 つの変数に関して、それを用いる・用いないの 2 通りあるので、p 変数なら 2^p 個の組合せがある。どの変数も用いない場合を除くと $2^p - 1$ 通りとなる。

変数 x_j の偏回帰係数 β_j に関する仮説 $H_0 : \beta_j = 0$ の検定統計量

$$t_0 = \frac{\widehat{\beta_j}}{\sqrt{S^{jj}V_e/n}} \sim t(n-p-1) \tag{3.70}$$

が有意でなく、小さいときに変数 x_j を除去する。同じことであるが、P 値が大きいとき、変数 x_j を除去する。

(2) C_p 統計量

次に示す マローズ（C. L. Mallows）の C_p の値が小さいほど、望ましいとする。これは平均 2 乗誤差の推定量である。

$$C_p = \frac{(\boldsymbol{y}-\widehat{\boldsymbol{y}})^{\mathrm{T}}(\boldsymbol{y}-\widehat{\boldsymbol{y}})}{\widehat{\sigma^2}} + 2p - n \tag{3.71}$$

(3) AIC, BIC

AIC は、**赤池の情報量基準**（Akaike Information Criterion）の略である。これはモデルとデータの適合度を測る量で、次式で与えられる。

$$AIC = -2\log L(\widehat{\boldsymbol{\theta}}) + 2p \tag{3.72}$$

$\log L(\widehat{\boldsymbol{\theta}})$ は、対数尤度と呼ばれるものの最大値である。AIC は、これに説明変数の数 p が加えられているため、「モデルの適合度 + 母数の増加に対するペナルティ」という量と考えることができる。

同種の基準として **BIC**（Bayesian Information Criterion: ベイズ情報量基準）があるが、これは AIC よりも母数の増加に対するペナルティを少し強くするものである[8]。AIC, BIC とも小さいほど望ましいと判断する。

例題 3-6

ある設備の製品搬送部のモータが使用中に故障すると、製品を破壊してしまい、ロスが発生する。現在、モータの受入検査は特に行っていないが、熟練の作業者から「取付直後におかしいと感じたモータは短時間で故障する」との指摘があった。そこで、初期のモータ特性と寿命データを収集し、寿命の推定式を算出することにした。

表 3.6 に示すデータに関して、変数選択しながら重回帰モデルを構成せよ。

[解] **手順 1** データの読み込み

データファイルを作成し、データをインポートする。

手順 2 予備解析（散布図行列の作成、基本統計量・相関行列の算出）

---

8) AIC の定義式 (3.72) 中の $2p$ の代わりに $\log(n) \times p$ とするもの。

第 3 章 重回帰分析

表 3.6 寿命データ

No.	電流 x_1	温度 x_2	振動 x_3	トルク x_4	騒音 x_5	回転数 x_6	寿命 y
1	0.24	31.8	1003	9.5	4.7	975	846
2	0.36	34.8	1375	11.2	8.3	634	265
3	0.27	32.9	1128	10.4	6.1	756	532
4	0.26	32.6	1067	9.9	5.1	803	726
5	0.42	36.6	1472	12.1	9.6	432	65
6	0.27	32.5	1098	10.3	4.2	698	546
⋮	⋮	⋮	⋮	⋮	⋮	⋮	⋮

R コマンダーの《グラフ》▶《散布図行列》より、利用する変数を選択し、[OK]。図 3.15 の散布図行列が表示される。散布図行列より、どの変数にも強い相関があることがわかる。

R コマンダーの《統計量》▶《要約》▶《数値による要約》より、基本統計量を表示する。全ての変数を指定し、[OK]。出力ウィンドウに次の結果が表示される。

─ ［出力ウィンドウ］数値による要約 ─
```
> numSummary(Dataset[,c("x1", "x2", "x3", "x4", "x5", "x6", "y")],
             statistics=c("mean", "sd", "quantiles"))
        mean          sd      0 %     25 %    50 %    75 %    100%  n
x1    0.32000   0.074642    0.22    0.265    0.29    0.37    0.47  15
x2   33.80000   1.969046   30.40   32.550   33.10   35.00   37.40  15
x3 1259.53333 192.030826  967.00 1098.000 1256.00 1400.00 1578.00  15
x4   10.89333   1.191318    9.20   10.100   10.40   11.80   13.50  15
x5    6.76000   2.381116    2.90    5.150    6.10    8.65   10.40  15
x6  683.13333 211.334828  367.00  543.000  698.00  794.50 1132.00  15
y   442.46667 317.291859   19.00  152.000  473.00  636.00 1067.00  15
```

また、《統計量》▶《要約》▶《相関行列》を選択し、次の相関行列を表示する。散布図行列および相関行列より、全ての変数が、互いに強い相関を持っている。

─ ［出力ウィンドウ］相関行列 ─
```
> cor(Dataset[,c("x1","x2","x3","x4","x5","x6","y")], use="complete.obs")
          x1        x2        x3        x4        x5        x6         y
x1  1.000000  0.988516  0.967709  0.987218  0.958510 -0.916310 -0.944879
x2  0.988516  1.000000  0.962191  0.977448  0.972130 -0.947476 -0.958010
x3  0.967709  0.962191  1.000000  0.959871  0.944802 -0.930919 -0.962971
x4  0.987218  0.977448  0.959871  1.000000  0.945678 -0.931782 -0.947489
x5  0.958510  0.972130  0.944802  0.945678  1.000000 -0.920800 -0.937771
x6 -0.916310 -0.947476 -0.930919 -0.931782 -0.920800  1.000000  0.955437
y  -0.944879 -0.958010 -0.962971 -0.947489 -0.937771  0.955437  1.000000
```

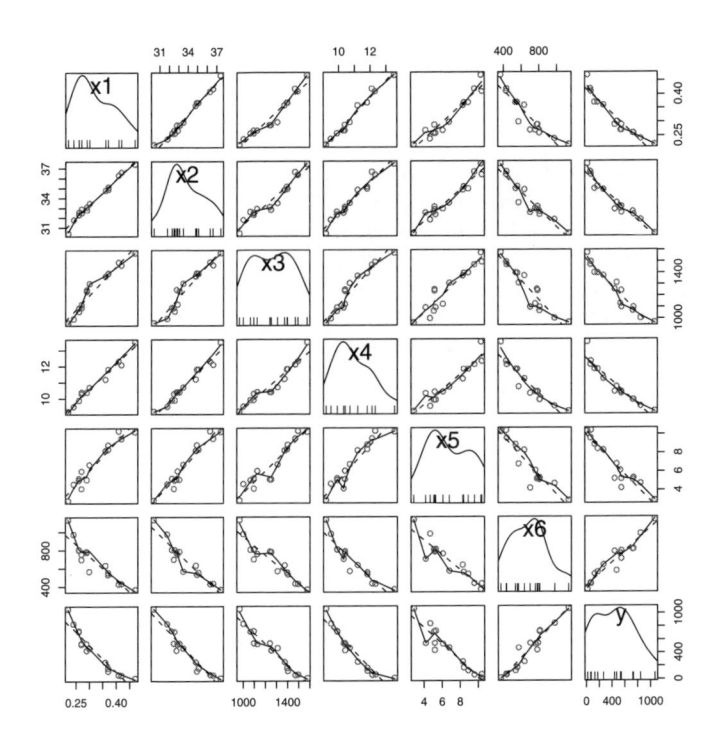

図 3.15　散布図行列

手順 3　モデルの設定

次の重回帰モデルを設定する。

$$y_i = \beta_0 + \beta_1 x_{i1} + \beta_2 x_{i2} + \beta_3 x_{i3} + \beta_4 x_{i4} + \beta_5 x_{i5} + \beta_6 x_{i6} + \varepsilon_i \tag{3.73}$$

$$\varepsilon_i \overset{i.i.d.}{\sim} N(0, \sigma^2) \tag{3.74}$$

手順 4　変数選択

まず、回帰モデルを作成する。《統計量》▶《モデルへの適合》▶《線形回帰》を選択し、説明変数、目的変数を指定する。出力ウィンドウに次の結果が表示される。

─［出力ウィンドウ］回帰の要約情報 ─────────────
```
> summary(RegModel.1)

Call:
lm(formula = y ~ x1 + x2 + x3 + x4 + x5 + x6, data = Dataset)
```

```
Residuals:
    Min      1Q  Median      3Q     Max
-92.149 -52.336  -2.669  45.667 130.703

Coefficients:
             Estimate Std. Error t value Pr(>|t|)
(Intercept) 3076.9608  4725.6170   0.651    0.533
x1          1425.6453  4215.3175   0.338    0.744
x2           -55.3572   139.0228  -0.398    0.701
x3            -0.8432     0.5863  -1.438    0.188
x4           -39.9427   149.7017  -0.267    0.796
x5            -3.8432    43.7744  -0.088    0.932
x6             0.4443     0.5246   0.847    0.422
 . . . .
```

手動による変数選択と自動的な変数選択の方法を見る。

(i) 手動による変数選択

最大のモデル（すべての説明変数を利用するモデル）から関数 **update()** を用いて不要な変数を取り除いていく。update は、

  update(変更したいモデル名, .~. 変更の方法)

の形で利用する。

回帰分析の要約情報より、P 値が最も大きい変数 x_5 を除去する。次のコマンドを R Console に入力すると、結果が表示される。「Call:」に記されているモデル式に説明変数「x_5」がないことに注意。

```
─ R Console ─────────────────────────────
  > # 変数選択－ x5 の除去
  > u = update(RegModel.1, .~. -x5)
  > summary(u)      # 結果の要約情報

  Call:
  lm(formula = y ~ x1 + x2 + x3 + x4 + x6, data = Dataset)

  Residuals:
      Min      1Q  Median      3Q     Max
  -95.594 -53.183  -3.863  45.542 129.771

  Coefficients:
               Estimate Std. Error t value Pr(>|t|)
  (Intercept) 3250.1632  4050.4968   0.802    0.443
  x1          1474.1894  3941.7996   0.374    0.717
  x2           -61.1719   115.2984  -0.531    0.609
  x3            -0.8551     0.5379  -1.590    0.146
```

```
x4            -39.8826    141.2066   -0.282    0.784
x6              0.4387      0.4912    0.893    0.395
. . . .
```

次に、P 値が大きい変数 x_4 を除去する。次のコマンドを入力すると、x_4 を削除したモデルが計算され、その結果が改めて u とされる。

```
R Console

> # 変数選択－ x4 の除去
> u=update(u, .~. -x4)
> summary(u)
Call:
lm(formula = y ~ x1 + x2 + x3 + x6, data = Dataset)
. . . .
Coefficients:
             Estimate  Std. Error  t value  Pr(>|t|)
(Intercept) 2572.4250   3109.4492    0.827    0.427
x1           645.1705   2507.0761    0.257    0.802
x2           -48.7279    101.5278   -0.480    0.642
x3            -0.8262      0.5032   -1.642    0.132
x6             0.5142      0.3927    1.309    0.220
. . . .
```

以下、順次 x_1, x_2 を除去していく。最終結果を次に示す。よって最適なモデルは、次のようになる。このとき、自由度調整済寄与率は約 95 ％である。

$$\widehat{y} = 1136.1961 - 0.9109 x_3 + 0.6640 x_6 \tag{3.75}$$

```
R Console

> # 変数選択－最終結果
> u = update(u, .~. -x2)
> summary(u)
Call:
lm(formula = y ~ x3 + x6, data = Dataset)
. . . .
Coefficients:
             Estimate  Std. Error  t value  Pr(>|t|)
(Intercept) 1136.1961    522.2793    2.175    0.0503 .
x3            -0.9109      0.2819   -3.231    0.0072 **
x6             0.6640      0.2562    2.592    0.0236 *
---
Signif. codes:  0 '***' 0.001 '**' 0.01 '*' 0.05 '.' 0.1 ' ' 1

Residual standard error: 73.98 on 12 degrees of freedom
```

```
Multiple R-Squared: 0.9534,     Adjusted R-squared: 0.9456
F-statistic: 122.8 on 2 and 12 DF,  p-value: 1.024e-08
```

(ii) 自動的な変数選択

ここでは、自動的な変数選択の方法を見る。逐次選択法と総当たり法の 2 つを取り上げる。

(a) 逐次選択法

関数 **step()** を用いて、変数の逐次選択を自動的に実行することができる。これは、**step(モデル名)** の形で利用する。関数 step の変数選択の基準は、標準では AIC が利用される。例題 3.6 のデータに対してこれを適用するには、次のコマンドを R Console に入力する[9]。出力内容より、AIC の値が漸次小さくなっていることがわかる。また、説明変数として最終的に、x_3, x_6 の 2 つが選択されている。

```
> step(RegModel.1)
Start:  AIC= 139.08
 y ~ x1 + x2 + x3 + x4 + x5 + x6

       Df Sum of Sq   RSS   AIC
- x5    1        60 62795   137
- x4    1       558 63293   137
- x1    1       897 63632   137
- x2    1      1243 63978   137
- x6    1      5625 68360   138
<none>               62735   139
- x3    1     16221 78956   141

Step:  AIC= 137.09
 y ~ x1 + x2 + x3 + x4 + x6

       Df Sum of Sq   RSS   AIC
- x4    1       557 63352   135
- x1    1       976 63771   135
- x2    1      1964 64759   136
- x6    1      5566 68361   136
<none>               62795   137
- x3    1     17635 80430   139

  . . . .

Step:  AIC= 131.77
```

[9] R コマンダーで線形回帰を実行し、その結果がモデル RegModel.1 として得られているとする。

3.6 変数選択

```
     y ~ x3 + x6

         Df Sum of Sq    RSS    AIC
<none>                 65681    132
- x6     1      36768 102449    136
- x3     1      57138 122819    139


Call:
lm(formula = y ~ x3 + x6, data = Dataset)

Coefficients:
(Intercept)           x3           x6
  1136.1961      -0.9109       0.6640
```

なお、上記の出力で、例えば

```
Step:  AIC= 131.77
 y ~ x3 + x6

         Df Sum of Sq    RSS    AIC
<none>                 65681    132
- x6     1      36768 102449    136
- x3     1      57138 122819    139
```

は、モデル「 y ~ x3 + x6 」のとき、AIC は「131.77」で、<none>(何も取り除かなければ、つまり、このまま)なら AIC は「132」、「- x6」すなわち x_6 を説明変数から除くと AIC は「136」に変化する(増大する)ので変数 x_6 を取り除かない方がよいことを意味する。

(b) 総当たり法

パッケージ **leaps** にある関数 **leaps()** を用いると総当たり法を実行できる。選択の基準としては、

- マローズの C_p 　　標準設定
- 寄与率 R^2 　　「method="r2"」で指定
- 自由度調整済寄与率 R^{*2} 　　「method="adjr2"」で指定

の 3 つが用意されている。R Console に次を入力すると、**leaps** の結果が表示される。

```
R Console
> library(leaps)
> data.leaps = leaps(Dataset[,1:6],Dataset[,7])
> # leaps(説明変数の行列, 目的変数のベクトル), 付録 A.2.3 参照
> print(data.leaps)
$which
      1     2     3     4     5     6
1 FALSE FALSE  TRUE FALSE FALSE FALSE
```

```
   1 FALSE  TRUE FALSE FALSE FALSE FALSE
   1 FALSE FALSE FALSE FALSE FALSE  TRUE
   1 FALSE FALSE FALSE  TRUE FALSE FALSE
   1  TRUE FALSE FALSE FALSE FALSE FALSE
   1 FALSE FALSE FALSE FALSE  TRUE FALSE
   2 FALSE FALSE  TRUE FALSE FALSE  TRUE
   2  TRUE FALSE FALSE FALSE FALSE  TRUE
  . . . .
   5  TRUE  TRUE  TRUE  TRUE  TRUE FALSE
   5  TRUE  TRUE FALSE  TRUE  TRUE  TRUE
   6  TRUE  TRUE  TRUE  TRUE  TRUE  TRUE

$label
[1] "(Intercept)" "1"           "2"           "3"
[5] "4"           "5"           "6"

$size
 [1] 2 2 2 2 2 2 3 3 3 3 3 3 3 3 3 3 4 4 4 4 4 4 4 4 4 4 5 5 5 5 5 5 5
[34] 5 5 5 6 6 6 6 6 6 7

$Cp
 [1]  2.0643019  3.7770024  4.6619334  7.3801076  8.2678866 10.6730780
 [7] -0.6243798  1.2638058  1.6683324  1.7715097  2.1948504  2.6868870
[13]  2.7559333  2.8383423  3.5859477  5.2817974  1.1321860  1.1966368
[19]  1.2647776  1.2715953  2.4636348  3.0853239  3.2568500  3.2615947
[25]  3.4342041  3.4826202  3.0786859  3.1150440  3.1321548  3.1601020
[31]  3.1787317  3.2581589  3.7174409  4.4562458  5.0685169  5.0837207
[37]  5.0077081  5.0711905  5.1143832  5.1585537  5.7172394  7.0685117
[43]  7.0000000

> plot(data.leaps$Cp)     # Cpのプロット
```

出力の $which 欄に示されているのが選択された変数である。1行目の 1–6 が説明変数に対応する。その下にある TRUE, FALSE がその変数を利用する（TRUE）かしないか（FALSE）を示す。1列目の数値は、利用する変数の数である。よって1行目の

```
$which
      1     2     3     4     5     6
1 FALSE FALSE  TRUE FALSE FALSE FALSE
```

は、説明変数として x_3 の1つを利用することを示す。これに対する C_p の値は、$Cp 欄の最初に記されている「2.0643019」となる。

C_p の値をプロットした結果を図 3.16 に示す。図 3.16 より、C_p が最小となるのはインデックス 7 の場合であり、これは **leaps** の出力結果より

	1	2	3	4	5	6
2	FALSE	FALSE	TRUE	FALSE	FALSE	TRUE

に対応する（$which の 7 行目）。これより説明変数として、x_3, x_6 の 2 つを選択すればよいことがわかる。

手順 5 モデルの妥当性の検討（85 ページの手順 4 からの続き）

最終結果の変数を用いて再度回帰分析を行い、その結果に対して回帰診断を行う。

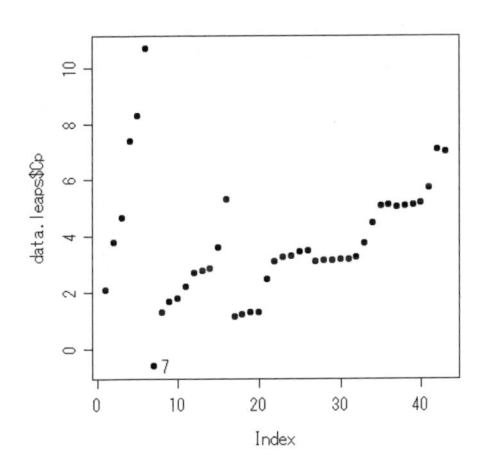

図 3.16 C_p のプロット

3.7 説明変数に質的変数を含む回帰分析

これまで扱ってきた説明変数は、全て量的変数であった。量的変数を目的変数とし、説明変数に質的変数だけを用いる回帰分析の手法を **数量化 I 類** ともいい、説明変数に質的変数と量的変数が混在する場合を **共分散分析** ともいう。以下、具体的な例を通してこれらの手法を説明する。

例題 3-7

ある製品 P の不良率対策に取り組んできたが、なかなか期待する効果が得られない。そこで、製品 P を製造する工程の中で不良率に影響するネック工程を見つけることにした。

製品 P は 7 工程（A, B, ..., G とする）で製造されている。各工程では、2 種類または 3 種類の装置のいずれかを用いて製造している。製品 P の不良率への影

響度を調べるため、40組のデータを収集した。データを表3.7に示す。表では、工程AからGをx_Aからx_Gとそれぞれ表し、各工程においてどの装置で製造されるかをm1, m2またはm1, m2, m3で表している。装置に同じ記号を使っているが、工程が異なれば装置も異なる。

不良率に対する予測式を求め、どの工程が不良率に影響を与えているか検討する。

表3.7 不良率データ

No.	x_A	x_B	x_C	x_D	x_E	x_F	x_G	不良率 y
1	m1	m1	m1	m1	m1	m1	m1	0.06
2	m1	m1	m1	m1	m1	m2	m1	0.08
3	m1	m1	m1	m1	m1	m3	m2	0.01
4	m1	m1	m1	m1	m2	m1	m1	0.32
5	m1	m1	m1	m2	m2	m2	m2	0.28
6	m1	m1	m1	m2	m2	m3	m1	0.48
⋮	⋮	⋮	⋮	⋮	⋮	⋮	⋮	⋮

[解] **手順1** 基本分析

Rコマンダーを用いて、データを読み込む。《統計量》▶《要約》▶《アクティブデータセット》より基本統計量を表示する。また、図3.17に変数yのヒストグラムおよびQQプロットを示す。少し、2山形の傾向が見られる。

```
―[出力ウィンドウ］データの要約情報 ―
> summary(Dataset)
    xA       xB       xC       xD       xE       xF       xG            y
 m1:20   m1:22   m1:22   m1:16   m1:20   m1:14   m1:21    Min.   :0.0100
 m2:20   m2:18   m2:18   m2:12   m2:20   m2:13   m2:19    1st Qu.:0.0525
                          m3:12            m3:13             Median :0.2000
                                                             Mean   :0.1850
                                                             3rd Qu.:0.2800
                                                             Max.   :0.4800
```

次に、各工程の装置で層別した箱ひげ図を作成する（図3.18）。工程Eの装置で、不良率の違いが大きいことがわかる。

手順2 モデルの設定

次式のモデルを設定する。

3.7 説明変数に質的変数を含む回帰分析

$$y_i = \beta_0 + \beta_1 x_A + \beta_2 x_B + \beta_3 x_C + \beta_4 x_D + \beta_5 x_E + \beta_6 x_F + \beta_7 x_G + \varepsilon_i \tag{3.76}$$

$$x_D, x_F = m1, m2, m3;\ その他 = m1, m2 \tag{3.77}$$

$$\varepsilon_i \overset{i.i.d.}{\sim} N(0, \sigma^2) \tag{3.78}$$

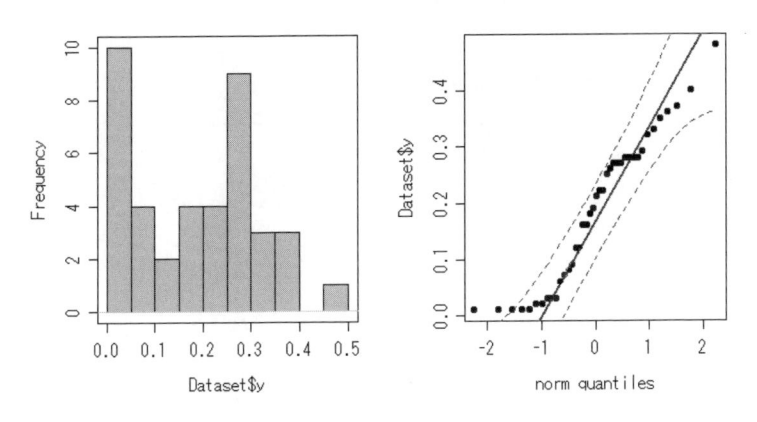

図 3.17 ヒストグラムおよび QQ プロット

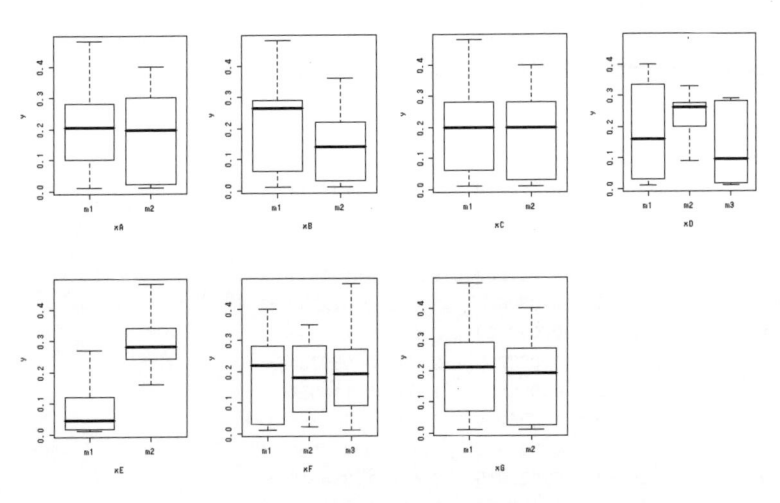

図 3.18 装置で層別した箱ひげ図

手順 3　モデルへの当てはめ

R コマンダーの《統計量》▶《モデルへの適合》▶《線形モデル》を選択する。線形モデルのダイアログボックスで、モデル式の左辺に目的変数（y）を、右辺に説明変数を入力し、OK（図 3.19）。出力ウィンドウに結果が表示される。

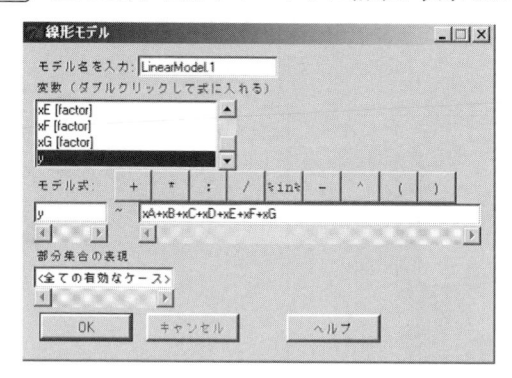

図 3.19　線形モデルのダイアログボックス

[出力ウィンドウ] 線形モデルへの適合

```
> LinearModel.1 <- lm(y ~ xA + xB + xC + xD + xE + xF + xG, data=Dataset)
> summary(LinearModel.1)
Call:
lm(formula = y ~ xA + xB + xC + xD + xE + xF + xG, data = Dataset)

Residuals:
      Min       1Q    Median       3Q       Max
-0.120775 -0.029875 -0.007383  0.032835  0.123315

Coefficients:
             Estimate Std. Error t value Pr(>|t|)
(Intercept)  0.081582   0.030638   2.663 0.012340 *
xA[T.m2]    -0.006318   0.022790  -0.277 0.783508
xB[T.m2]    -0.053977   0.023809  -2.267 0.030754 *
xC[T.m2]     0.036406   0.022107   1.647 0.110026
xD[T.m2]     0.099649   0.026244   3.797 0.000665 ***
xD[T.m3]     0.004511   0.026801   0.168 0.867460
xE[T.m2]     0.210782   0.022075   9.549 1.33e-10 ***
xF[T.m2]     0.000951   0.026021   0.037 0.971087
xF[T.m3]    -0.002229   0.026168  -0.085 0.932701
xG[T.m2]    -0.045767   0.021999  -2.080 0.046123 *
---
Signif. codes:  0 '***' 0.001 '**' 0.01 '*' 0.05 '.' 0.1 ' ' 1
```

3.7 説明変数に質的変数を含む回帰分析

```
Residual standard error: 0.06741 on 30 degrees of freedom
Multiple R-Squared: 0.8008,Adjusted R-squared: 0.7411
F-statistic:  13.4 on 9 and 30 DF,   p-value: 2.722e-08
```

出力ウィンドウで、xA[T.m2] は、変数 x_A の $m2$ 水準を意味する。よって、変数 x_A の $m2$ 水準の Estimate は「-0.006318」である。第 1 水準は記載されていないが、これは「0」に固定されている。よって、回帰式は次式となる。また、自由度調整済寄与率は 74 %である。

$$\hat{y} = 0.081582 + \begin{pmatrix} 0.000000 \\ -0.006318 \end{pmatrix} x_A + \begin{pmatrix} 0.000000 \\ -0.053977 \end{pmatrix} x_B + \begin{pmatrix} 0.000000 \\ 0.036406 \end{pmatrix} x_C$$
$$+ \begin{pmatrix} 0.000000 \\ 0.099649 \\ 0.004511 \end{pmatrix} x_D + \begin{pmatrix} 0.000000 \\ 0.210782 \end{pmatrix} x_E + \begin{pmatrix} 0.000000 \\ 0.000951 \\ -0.002229 \end{pmatrix} x_F + \begin{pmatrix} 0.000000 \\ -0.045767 \end{pmatrix} x_G$$

手順 4　変数選択

次に、変数選択を行う。有意でない変数で P 値が大きいものから逐次、モデルより除去していく（手動による変数の逐次選択）。分散分析表を表示するために、R コマンダーの《モデル》▶《仮説検定》▶《分散分析表》を表示する。出力ウィンドウに次の結果が表示される。

```
─[出力ウィンドウ] 線形モデルへの適合 ──────
> Anova(LinearModel.1)
Anova Table (Type II tests)

Response: y
           Sum Sq Df F value    Pr(>F)
xA        0.00035  1  0.0769  0.783508
xB        0.02336  1  5.1397  0.030754 *
xC        0.01233  1  2.7121  0.110026
xD        0.07948  2  8.7443  0.001019 **
xE        0.41437  1 91.1765 1.326e-10 ***
xF        0.00007  2  0.0075  0.992515
xG        0.01967  1  4.3283  0.046123 *
Residuals 0.13634 30
---
Signif. codes:  0 '***' 0.001 '**' 0.01 '*' 0.05 '.' 0.1 ' ' 1
```

説明変数 x_B, x_D, x_E, x_G は有意である。有意でない説明変数で P 値がもっとも大きい x_F を除去する。これには、手順 2 の線形モデルの回帰式の指定で、x_F を削除したモデルを適用すればよい。以下、分散分析表の表示、回帰モデルの指定を繰り返す

ことにより、変数選択を実行する。

最終的に得られた結果を次に示す。説明変数 x_C は有意ではないが、P 値が 0.20 より小さいので除去しない。

```
───［出力ウィンドウ］変数選択の結果 ──────────────────────
> LinearModel.3 <- lm(y ~ xB + xC + xD + xE + xG, data=Dataset)
> summary(LinearModel.3)
Call:
lm(formula = y ~ xB + xC + xD + xE + xG, data = Dataset)

Residuals:
     Min      1Q   Median      3Q     Max
-0.11906 -0.02897 -0.00762  0.03624  0.12094

Coefficients:
             Estimate Std. Error t value Pr(>|t|)
(Intercept)  0.079661   0.025862   3.080 0.004151 **
xB[T.m2]    -0.056218   0.021432  -2.623 0.013089 *
xC[T.m2]     0.035657   0.020955   1.702 0.098233 .
xD[T.m2]     0.100052   0.025008   4.001 0.000336 ***
xD[T.m3]     0.005128   0.025492   0.201 0.841795
xE[T.m2]     0.210353   0.021014  10.010 1.58e-11 ***
xG[T.m2]    -0.046608   0.020788  -2.242 0.031794 *
---
Signif. codes:  0 '***' 0.001 '**' 0.01 '*' 0.05 '.' 0.1 ' ' 1

Residual standard error: 0.06437 on 33 degrees of freedom
Multiple R-Squared: 0.8003,Adjusted R-squared: 0.764
F-statistic: 22.04 on 6 and 33 DF,  p-value: 3.058e-10
```

よって最終的に選択された回帰式は次式となる。また、自由度調整済寄与率は 76 %である。

$$\hat{y} = 0.079661 + \begin{pmatrix} 0.000000 \\ -0.056218 \end{pmatrix} x_B + \begin{pmatrix} 0.000000 \\ 0.035657 \end{pmatrix} x_C + \begin{pmatrix} 0.000000 \\ 0.100052 \\ 0.005128 \end{pmatrix} x_D$$

$$+ \begin{pmatrix} 0.000000 \\ 0.210353 \end{pmatrix} x_E + \begin{pmatrix} 0.000000 \\ -0.046608 \end{pmatrix} x_G$$

R コマンダーの《モデル》▶《グラフ》▶《効果プロット》より、図 3.20 に示す効果プロットを作成し、各水準の効果を見ることができる。なお、モデル欄に「LinearModel.3」が表示されている必要がある（《モデル》▶《アクティブモデルを選択》で切り替え可）。

3.7 説明変数に質的変数を含む回帰分析

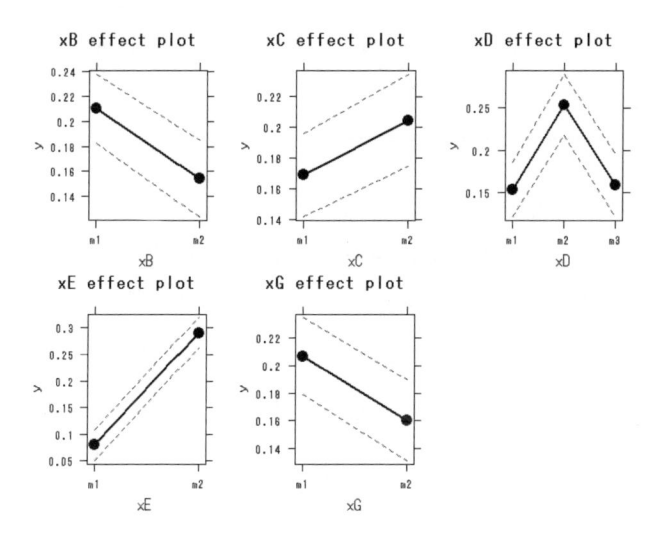

図 3.20 効果プロット

なお，説明変数が質的変数の場合も，最初に作成した回帰モデル（今の場合，モデル名 LinearModel.1）に関数 step() を適用して，自動的に変数選択を行うことができる．これには，次のコマンドを入力する．

```
> step(LinearModel.1)
Start:  AIC= -207.26
 y ~ xA + xB + xC + xD + xE + xF + xG
. . . .
Step:  AIC= -213.14
 y ~ xB + xC + xD + xE + xG

       Df Sum of Sq      RSS      AIC
<none>                 0.137 -213.143
- xC    1     0.012   0.149 -211.779
- xG    1     0.021   0.158 -209.472
- xB    1     0.029   0.165 -207.568
- xD    2     0.080   0.217 -198.754
- xE    1     0.415   0.552 -159.328

Call:
lm(formula = y ~ xB + xC + xD + xE + xG, data = Dataset)

Coefficients:
(Intercept)      xB[T.m2]      xC[T.m2]      xD[T.m2]      xD[T.m3]      xE[T.m2]
```

```
    0.079661    -0.056218    0.035657    0.100052    0.005128    0.210353
xG[T.m2]
-0.046608
```

手順 5　回帰診断

説明変数が量的変数の場合と同様、モデルの妥当性の検討を行う。例えば、基本的診断プロットを行うと図 3.21 を得る。異常なデータもなく問題なさそうである。

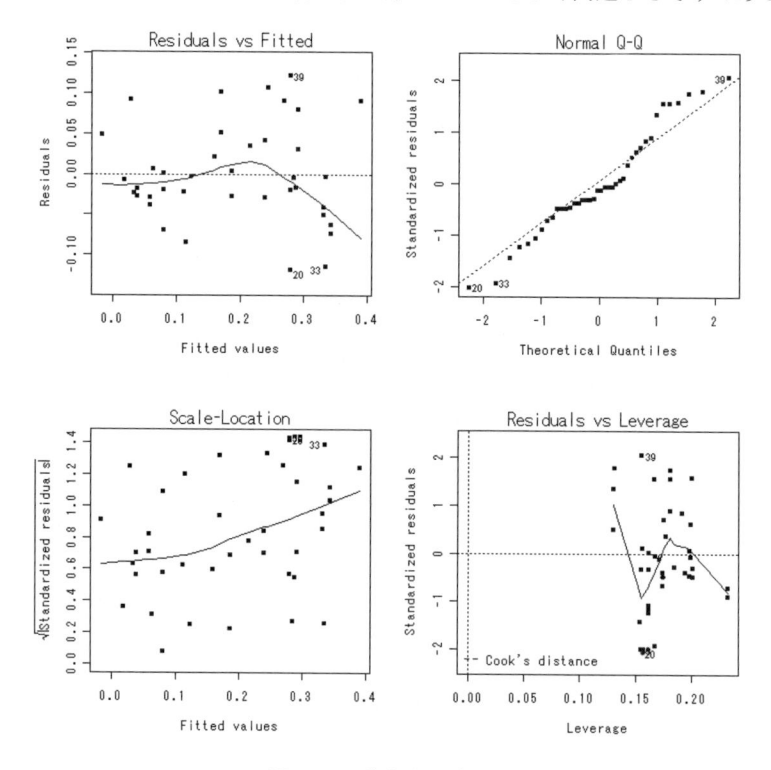

図 **3.21**　基本診断プロット

練習問題 3-5

表 3.8 に示すのは、あるフリーの情報誌に関するモニターアンケートの結果である。質問は 3 つあり、回答は選択肢から選ぶ。また、この情報誌が有料とするとき、価格がいくらなら購入するかも聞いている。設問と回答の選択肢を次に示す。

・読んでみて、いかがでしたか (x_1)
　　1)　良くなかった　　　2)　良かった　　　3)　大変良かった

3.7 説明変数に質的変数を含む回帰分析

・読みやすさはいかがでしたか（x_2）
  1) 読みにくい　　　2) ちょうど良い　　　3) 読みやすかった
・人に勧めたいと思いますか（x_3）
  1) 思わない　　　2) どちらでもない　　　3) 思う

本の価格 y（円）に関する予測式を求め、どの要因が価格に影響を与えているか検討せよ。

表 3.8　情報誌アンケートデータ

No.	x_1	x_2	x_3	y
1	a2	a2	a2	500
2	a2	a2	a2	700
3	a2	a3	a2	700
4	a2	a2	a2	500
5	a2	a2	a2	600
6	a2	a2	a2	1000
⋮	⋮	⋮	⋮	⋮

―――― 参考 ― メニュー《線形回帰》と《線形モデル》 ――――

　R コマンダーの《モデルへの適合》メニューにおいて、説明変数が数値変数の場合（例えば、例題 3-1）、《線形回帰》を、説明変数に質的変数がある場合（例題 3-7）、《線形モデル》を選択した。しかし両者の要約情報を見ると（60、94 ページ）、どちらも関数 lm() を利用していることがわかる。よって、両者は本質的に同じである。

　R コマンダーでこれらを区別しているのは、《線形モデル》メニューでは分散分析・実験計画法での利用を主に考えているからである。そのため、ダイアログボックスに ［*］, ［:］, ［∧］等のボタンが配置されている（図 3.19 参照）。

　モデル式で、「A:B」は因子 A と B の交互作用を、「A * B」は「A + B + A:B」を表す。

　また、説明変数に 2 次の項を利用したい場合（第 2 章、50 ページ）、《線形モデル》メニューを選択し、モデル式を

　　製品粘度 ~ 原料粘度 + I(原料粘度^2)

とするのが 1 つの方法である。なお、関数 I() は、中で用いられている記号（+, −, *, /, ~）を算術演算子として取り扱うように指定する関数である。これは、これらの記号がモデル式の中では特別な意味を持つものとして扱われるために必要となる。

―― 練習問題 3-6 ――

　第 2 章 2.6 節の粘度データ（37 ページ）において、製品粘度を原料粘度と原料粘度の 2 乗で説明する回帰分析を行え。

第4章 主成分分析

4.1 適用例

世界の巨大 2000 企業（2004 年）に関するデータセット **Forbes2000** が R のパッケージ **HSAUR** にある。このデータ（表 4.1 参照）は、世界の 61 の地域・国、27 業種にわたるトップ 2000 社の rank（総合ランク）、name（企業名）、country（国）、category（業種）、sales（売上高）、profits（利潤）、assets（資産）、marketvalue（市場価値）の値（10 億 USD）のデータである。このうちトップ 50 社の sales、profit、asset、marketvalue のデータを用いてこれら企業の業績を特徴づける総合指標を作成するとともに、それに基づいて企業の特徴を分析したい。

データの形式 主成分分析のデータ形式は表 4.2 のようになる。p 個の変数 x_1, x_2, ..., x_p の間には、回帰分析のような説明変数・目的変数といった関係はなく、互いに対等である。こうした p 個の変数が持つ情報を縮約し、主成分と呼ばれる少数個の変数を求めるのが主成分分析の目的である。

表 4.1 Forbes2000 データ（企業名、国名は省略）

rank	category	sales	profits	assets	marketvalue
1	Banking	94.71	17.85	1264.03	255.30
2	Conglomerates	134.19	15.59	626.93	328.54
3	Insurance	76.66	6.46	647.66	194.87
4	Oil & gas operations	222.88	20.96	166.99	277.02
5	Oil & gas operations	232.57	10.27	177.57	173.54
6	Banking	49.01	10.81	736.45	117.55
⋮	⋮	⋮	⋮	⋮	⋮

表 4.2 主成分分析のデータ形式

No.	x_1	x_2	$\cdots$	x_j	$\cdots$	x_p
1	x_{11}	x_{12}	$\cdots$	x_{1j}	$\cdots$	x_{1p}
⋮	⋮	⋮	⋱	⋮	⋱	⋮
i	x_{i1}	x_{i2}	$\cdots$	x_{ij}	$\cdots$	x_{ip}
⋮	⋮	⋮	⋱	⋮	⋱	⋮
n	x_{n1}	x_{n2}	$\cdots$	x_{nj}	$\cdots$	x_{np}

4.2 主成分分析とは

主成分分析（principal component analysis: pca）は、多くの特性（変数）を少数個の変数にまとめるための手法である。企業や製品といった調査対象が持つ特性にはさまざまある。分析に際して多くの変数を同時に取り扱って、データに潜む構造を見たり予測したりすることは難しい。また、こうした多くの特性に関するデータを取得・管理するのは困難である。そのため、多くの特性を、元の変数に含まれる情報をできるだけ損失することなく、少数個の変数にまとめることができると便利である。主成分分析は、多くの変数を少数個の変数にまとめる **合成変数** を求めるための手法である。

主成分分析の利用目的は、このように情報の縮約にある。また、主成分分析を行った後、作り出した合成変数（**主成分**という）を利用して回帰分析を行ったり、合成変数の管理図を作成したりと、分析の予備的なステップとして利用することもできる。

主成分分析の目的　多数の変数を、少数個の変数に縮約する。その際、できるだけ情報の損失がないように工夫する。

4.2.1 主成分分析の考え方

p 個の変数 $x_1, x_2, \ldots, x_p$ をうまく合成して、k 個の総合特性 $z_1, z_2, \ldots, z_k$　$(k \leq p)$ を求めたい。その際、元のデータが持つ情報をできるだけ損失しないように工夫する必要がある。これを実現するには、どうすればよいだろうか。

主成分分析では、

$$z = w_1 x_1 + w_2 x_2 + \cdots + w_p x_p \tag{4.1}$$

という形で新しい変数を構成することを考える。こうした形を、変数 $x_1, x_2, \ldots, x_p$ の **線形結合** という。すると、線形結合するための係数 $w = (w_1, w_2, \ldots, w_p)$ を求めればよい。この係数 w を **重み** という。したがって問題は、重みをどのように決定すればよいかということになる。

主成分分析では、データが持つばらつき（分散）の中に情報が入っていると考える。そのため、新しく作った変数 z が、元のデータが持つばらつきを最もよく説明できる

ように重みを求めることになる。そこで、分散

$$V(z) = V(w_1 x_1 + w_2 x_2 + \cdots + w_p x_p) \tag{4.2}$$

を考え、これを最大にする重み $\boldsymbol{w}$ を決定する。ただし、式 (4.2) のままでは重みを大きくすればするほど分散も大きくなるので、重みを確定することができない。そのため、次の制約をおく。

$$w_1^2 + w_2^2 + \cdots + w_p^2 = 1 \tag{4.3}$$

この制約式の下で、$V(z)$ を最大とする重みを決定することができる。その重みを $\boldsymbol{w}_1$ とし、それを用いた合成変数

$$z_1 = w_{11} x_1 + w_{12} x_2 + \cdots + w_{1p} x_p \tag{4.4}$$

を **第 1 主成分** という。

第 1 主成分だけで、データが持つ全てのばらつきを説明することはできない。そのため、次に **第 2 主成分** と呼ばれる合成変数 z_2 を求める。第 2 主成分は、第 1 主成分 z_1 とは **無相関** で（つまり、**直交** しており）、かつ、式 (4.3) と同様の制約の下で、

$$V(w_{21} x_1 + w_{22} x_2 + \cdots + w_{2p} x_p) \tag{4.5}$$

を最大とする重み $\boldsymbol{w}_2$ を利用する線形結合

$$z_2 = w_{21} x_1 + w_{22} x_2 + \cdots + w_{2p} x_p \tag{4.6}$$

である。以下同様に、それまでに求めた主成分とは無相関で、分散を最大とする重みを持つ線形結合を考えていく。元々変数は p 個あるので、主成分も最大 p 個、つまり、第 p 主成分まで求めることができる。

主成分分析では、各主成分が持つ情報量を分散の大きさで評価する。各主成分 z_i の分散を λ_i と書くと（$V(z_i) = \lambda_i, i = 1, ..., p$）

$$\lambda_1 \geq \lambda_2 \geq \cdots \geq \lambda_p \geq 0 \tag{4.7}$$

であり、また、元の変数 x_i の分散の合計 T は、

$$T = V(x_1) + V(x_2) + \cdots + V(x_p) = \lambda_1 + \lambda_2 + \cdots + \lambda_p \tag{4.8}$$

となる。

主成分分析は、図 4.1 に示すように、データのばらつきが最も大きな方向に第 1 軸

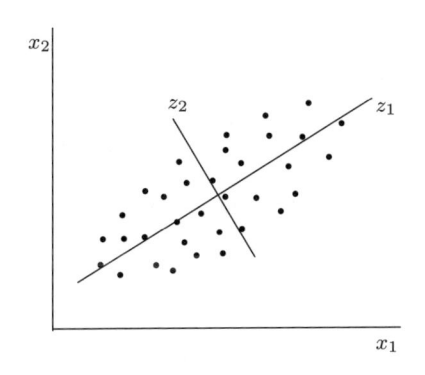

図 4.1 主成分分析におけるデータの眺め方

（第 1 主成分）、次いでそれに垂直に第 2 軸（第 2 主成分）、⋯ という形で座標軸の取り方を変更することに相当する。

主成分の特徴　主成分は互いに無相関である。

変数の分散・共分散行列 Σ の推定値 $\widehat{\Sigma}$、つまり、サンプルから計算する分散・共分散行列を S とする。

$$\widehat{\Sigma} = S = \begin{pmatrix} s_1^2 & s_{12} & \ldots & s_{1p} \\ s_{21} & s_2^2 & \ldots & s_{2p} \\ \vdots & \vdots & \ddots & \vdots \\ s_{p1} & s_{p2} & \ldots & s_p^2 \end{pmatrix} \tag{4.9}$$

ただし、

$$x_i \text{の標本分散}: \quad s_i^2 = \frac{1}{n-1} \sum_{k=1}^{n} (x_{ki} - \bar{x}_{\cdot i})^2 \tag{4.10}$$

$$x_i, x_j \text{の標本共分散}: \quad s_{ij} = \frac{1}{n-1} \sum_{k=1}^{n} (x_{ki} - \bar{x}_{\cdot i})(x_{kj} - \bar{x}_{\cdot j}) \tag{4.11}$$

主成分を求める作業は、数学的には行列 S の **固有値**（eigen values）および **固有ベクトル**（eigen vectors）を求めることと同じである。このとき、第 i 主成分の分散が

表 4.3 主成分と固有値、寄与率

主成分	z_1	z_2	$\cdots$	z_p	計
固有値	λ_1	λ_2	$\cdots$	λ_p	T
寄与率	λ_1/T	λ_2/T	$\cdots$	λ_p/T	1
寄与率（％）	$\lambda_1/T \times 100$	$\lambda_2/T \times 100$	$\cdots$	$\lambda_p/T \times 100$	100

固有値 λ_i であり、その重みが固有ベクトルである。ここで、主成分分析で利用する用語をまとめておく。

- **因子負荷量**（principal loadings または factor loadings） 元の変数と主成分との共分散または相関係数。これを用いて主成分の意味や性質を考えることができる。
- **固有値** 固有値 λ_i は、第 i 主成分の分散の大きさで、元の変数の情報のどれくらいを保持しているかという尺度として用いることができる。各固有値を固有値の合計で割った値を **寄与率** といい[1]、これは、全体のばらつきのうちどれくらいを、その主成分が説明しているかという尺度となる（表 4.3 参照）。
- **固有ベクトル** 主成分の元の変数に対する係数で、これまで重みといってきたものである。
- **主成分得点**（principal scores） 主成分を新しい座標軸とするときの、元のデータの新座標での値。この値を用いて主成分に対するサンプルの関係（特徴）を考察することができる。**主成分スコア** ともいう。

主成分を求めると、通常、因子負荷量や重みを用いて主成分の意味づけを行う。主成分と相関が強い元の変数が、その主成分に大きく寄与していると考えることができ、こうした関係を総合的に解釈する。例えば、元の変数と第 1 主成分との相関が、全て同じ符号でほぼ同じ大きさになることが多い。この場合、第 1 主成分は、元の変数の合計に相当するため、総合特性と解釈することができる。

4.2.2 回帰分析と主成分分析の違い

式 (4.2)–(4.6) の説明で、主成分のイメージを、データのばらつきを最もよく説明する軸であるという話をした。すでに学んだように、これに似た考え方として回帰分析がある。回帰分析もデータの動きを最もよく説明する回帰直線（平面）を求める手法である。これら 2 つの手法の違いはどこにあるのだろうか。

2 つの変数 x_1, x_2 の場合で考える。主成分分析は、図 4.2（a）に示すように、デー

---

[1] 100 倍してパーセントの単位で利用することが多い。

タから直線に垂線をおろすとき、垂線の長さの 2 乗の総和を最小にする直線を求めることと同じである。これに対し回帰分析では、目的変数 x_2 を説明変数 x_1 で説明するという形で分析を行う。x_2 軸に対して平行な距離として回帰直線までの距離を考え、その距離の 2 乗の総和が最小となるように回帰直線を決定する（図 4.2（b））。説明するものとされるものという形で、変数間の関係が非対称になっているため、x_1 を x_2 に回帰する場合と、x_2 を x_1 に回帰する場合とでは、回帰直線は異なる。

(a) 主成分分析のイメージ図

(b) 回帰分析のイメージ図

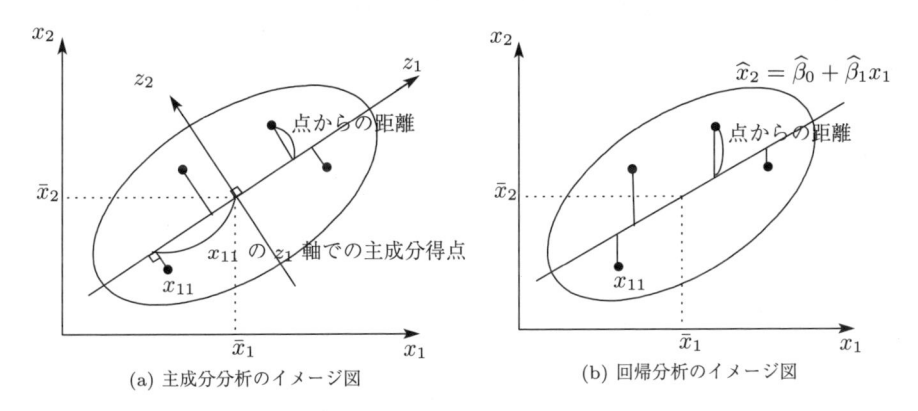

図 4.2　主成分分析と回帰分析のイメージ図

4.2.3　いくつの主成分を考えるべきか

主成分は、$n > p$ のとき、最大 p 個まで考えることができる。全ての主成分を利用するのでは情報の縮約にならない。いったいいくつまで考えるとよいのだろうか。**パレートの法則** は、現象を説明するには少数個の重要な特性を利用すればよいという考え方であるが、多くの場合、主成分分析でもこの法則が成り立つ。主成分の個数を決定するための方法がいくつか提案されている。代表的なものは次の 3 つである。

主成分の数を決定する基準
1) 全体の分散のうち、一定の割合を説明できる主成分までを考える。すなわち、分散の大きさの上位からの **累積寄与率** が一定の値以上となる主成分まで考える。よく用いられる基準値は 0.7–0.9（70–90 %）である。
2) 固有値の平均よりも大きい主成分を考える。この基準を **カイザー基準** という。
3) 横軸に主成分番号 i、縦軸に固有値 λ_i を取る棒グラフまたは折れ線グラフ（これらを **スクリープロット** という）を作成し、固有値の大きさが大きく変化する主成分までを考える。

4.2.4 2種類の主成分分析

主成分分析には、2種類の方法がある。1つは **分散・共分散行列** から出発するものであり、もう1つは **相関行列** から出発するものである。一般には、相関行列から出発する方法が用いられる。

分散・共分散行列から出発する方法は、同じデータでも単位の取り方によって結果が異なってしまうという欠点を持つ。これに対して、相関行列から出発する方法は、全てのデータを変数単位で標準化[2]した後に分散・共分散行列から出発することに相当するので、データの単位に依存しない。

相関行列から出発する場合も、考え方自体はこれまでの内容と変わらない。形式的に異なるのは、標準化されるため、元の各変数のばらつき（分散）は1になることにある。すると式(4.8)は

$$T = \lambda_1 + \lambda_2 + \cdots + \lambda_p = p \tag{4.12}$$

となる。よって固有値の平均は1であり、カイザー基準（主成分の数を決定する基準の2）は、「固有値が1より大きいもの」となる。

4.2.5 例題

例題 4-1

Forbes2000 の総合ランクトップ 50 企業の sales（売上高）、profits（利潤）、assets（資産）、marketvalue（市場価値）データを用いて主成分分析を行う。

[解]**手順1** データの読み込み

パッケージ HSAUR に Forbes2000 データがある。そのため、次のコマンドを R Console に入力する。なお、**attach()** は、データセットの変数を直接取り扱えるようにする関数である（付録 A.2.3、186 ページ参照）。

```
R Console
> library(HSAUR)
> data(Forbes2000)
> attach(Forbes2000)     # データセット内の変数を直接取り扱えるようにする
```

2000 社のデータから上位 50 社のデータおよび必要な 4 変数のみを切り出す。なお、この方法の詳細については付録 A.2.3（184 ページ）参照。

---

[2] 変数からその平均を引き、標準偏差で割る。つまり、$u_i = \dfrac{x_i - \bar{x}_i}{s_{x_i}}$。

```
R Console
> Forbes50=Forbes2000[rank<=50,]    # 上位50社データの切り出し
> head(Forbes50)                     # データセットの最初の6行の表示
  rank              name         country           category
1    1         Citigroup   United States            Banking
2    2  General Electric   United States      Conglomerates
3    3 American Intl Group United States          Insurance
4    4        ExxonMobil   United States Oil & gas operations
5    5                BP  United Kingdom Oil & gas operations
6    6   Bank of America   United States            Banking
   sales profits  assets marketvalue
1  94.71   17.85 1264.03      255.30
2 134.19   15.59  626.93      328.54
3  76.66    6.46  647.66      194.87
4 222.88   20.96  166.99      277.02
5 232.57   10.27  177.57      173.54
6  49.01   10.81  736.45      117.55
> dat=Forbes50[,5:8]       # sales,profit,asset,marketvalue の切り出し
> head(dat)
   sales profits  assets marketvalue
1  94.71   17.85 1264.03      255.30
2 134.19   15.59  626.93      328.54
3  76.66    6.46  647.66      194.87
4 222.88   20.96  166.99      277.02
5 232.57   10.27  177.57      173.54
6  49.01   10.81  736.45      117.55
```

手順2 散布図行列

《データ》▶《アクティブ》▶《アクティブデータセットの選択》より「dat」を選択する。《グラフ》▶《散布図行列》より、4つの変数をすべて選択して OK。図4.3の散布図行列が表示される。

散布図行列の密度プロットより、各変数の分布は少し右に裾を引いた歪み型になっている。密度プロットおよび散布図で飛び離れた点はない。各変数の関係はそれほど強くない。

手順3 数値による要約

《統計量》▶《要約》▶《数値による要約》を選択し、要約統計量を表示する。

```
─ [出力ウィンドウ] 数値による要約 ─
                  mean         sd    0%     25%     50%      75%    100%  n
assets       371.9364 320.680921 46.66 97.1775 176.285 659.5025 1264.03 50
marketvalue  111.9738  74.800659 27.47 59.8000  82.435 138.8275  328.54 50
profits        6.2964   3.830441  1.53  3.6850   5.315   7.5425   20.96 50
sales         75.4190  56.036549 23.64 38.3500  53.210  91.9300  256.33 50
```

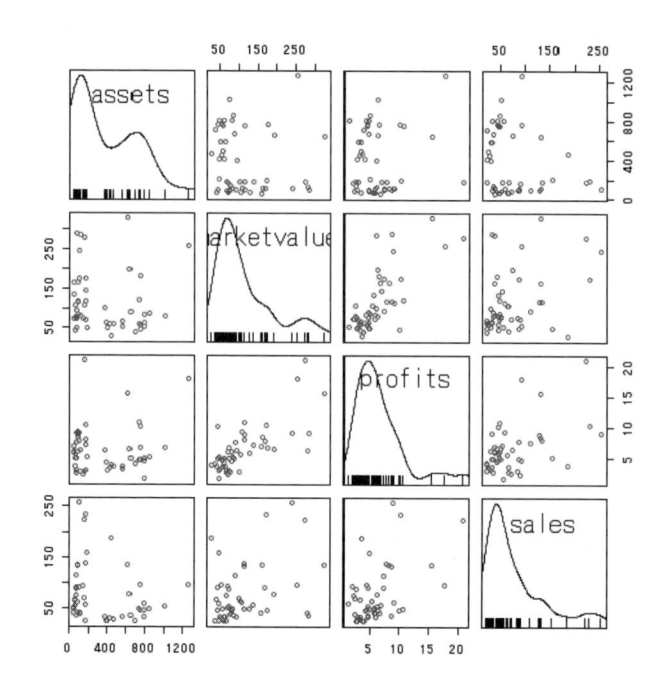

図 4.3　散布図行列

次に、《統計量》▶《要約》▶《相関行列》より、相関行列を表示する。marketvalue と profits の関係が強いが、その他に関してはそれほど強くない。

```
─［出力ウィンドウ］相関行列─────────────────────────
> cor(dat[,c("assets","marketvalue","profits","sales")], use="complete.obs")
              assets  marketvalue    profits      sales
assets      1.00000000 -0.08135028  0.1159283 -0.2388033
marketvalue -0.08135028  1.00000000  0.7343915  0.3789496
profits      0.11592827  0.73439148  1.0000000  0.4967778
sales       -0.23880330  0.37894962  0.4967778  1.0000000
```

手順 4　主成分分析
（1）主成分分析の計算

《統計量》▶《次元解析》▶《主成分分析》を選択する。主成分分析のダイアログボックスで（図 4.4）、主成分分析に利用する変数を指定し、OK 。このとき、
　　相関行列の分析　☑
のチェックボックスがチェックされていることを確認しておく[3]。また、

───────────────
3）ダイアログボックスにおいて、標準では「相関行列の分析」がチェックされているが、こ

4.2 主成分分析とは

スクリープロット ☑

をチェックしておく（図 4.4）。なお、

データセットに主成分得点を保存 ☑

をチェックしておくと、保存したい主成分の数を指定するダイアログボックスが開かれる（図 4.6）。指定した数の主成分得点をデータファイルに保存することができる[4]）。

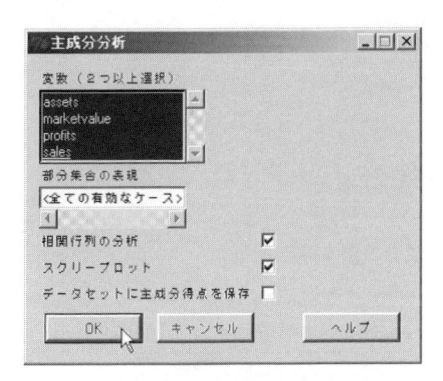

図 4.4　主成分分析のダイアログボックス

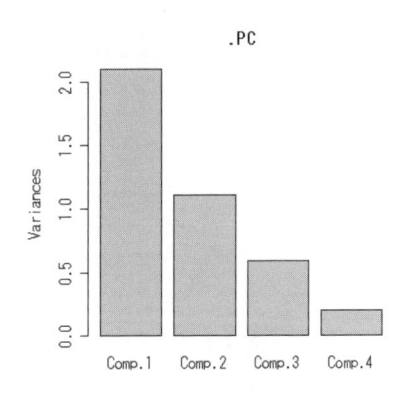

図 4.5　スクリープロット

出力ウィンドウに固有ベクトル（出力では component loadings）と固有値（component variances）が表示される。ここで、**princomp()** は主成分分析を行う関数である。また、グラフィックス画面にスクリープロットが表示される（図 4.5）。上位 2 つの主成分で、全体の約 80 %を説明できることがわかる。第 3 主成分以下の寄与率は 20 %以下と小さいので、第 2 主成分まで考えることにする。改めて主成分分析を実行し、第 2 主成分までの主成分得点を保存する（図 4.6）。保存された主成分得点を確認するには、データセットを表示 をクリックすればよい（図 4.7）。

```
─── ［出力ウィンドウ］主成分分析の結果—固有ベクトルおよび固有値 ───
> .PC <- princomp(~assets+marketvalue+profits+sales, cor=TRUE, data=dat)
> unclass(loadings(.PC))  # component loadings    固有ベクトル
              Comp.1     Comp.2     Comp.3      Comp.4
assets       0.08884711  0.9006029  0.34907841 -0.2432384
marketvalue -0.59537872  0.1118462 -0.54253088 -0.5819578
profits     -0.61832376  0.2785728 -0.05045858  0.7331622
sales       -0.50527824 -0.3143280  0.76240307 -0.2542310
```

れは相関行列に基づく主成分分析を行うことを意味する。このチェックを外すと、分散・共分散行列に基づく主成分分析が行われる。

4) 保存すべき主成分の数を入力する必要があるので、最初はスクリープロットのみを作成し、まず考えるべき主成分の数を決定しておく。再度主成分分析を行い、その際に「データセットに主成分得点を保存」するとよい。

第4章 主成分分析

```
> .PC$sd^2    # component variances   固有値（分散）
    Comp.1      Comp.2      Comp.3      Comp.4
2.0964356  1.1091028  0.5881186  0.2063430
> screeplot(.PC)      # スクリープロットの作成
> remove(.PC)         # オブジェクト .PC の削除
```

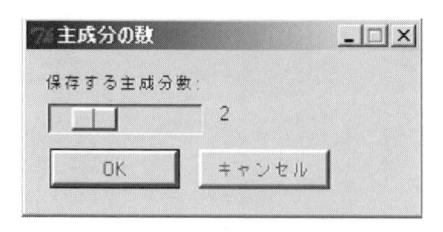

図 4.6　保存する主成分の数の指定

図 4.7　保存された主成分得点：PC1（第 1 主成分）、PC2（第 2 主成分）

（2）因子負荷量と主成分得点

　因子負荷量は、元の変数と主成分との相関係数であった。R コマンダーのメニューを用いて、因子負荷量の散布図を直接作成することはできない。しかし、因子負荷量自体は、すでに述べたように主成分と元の変数との相関係数である。よって、主成分得点と元の変数のデータとの相関行列を求めると、因子負荷量を得ることができるので、その散布図を作成すればよい。また、保存した主成分得点を用いて散布図行列を作成すると、主成分からみたデータの布置を行うことができる。

　dat に保存された第 1 主成分得点（PC1）と第 2 主成分得点（PC2）は、第 5 列と第 6 列にある。よって、次の関数を R Console に入力する。

```
R Console
  > dat.cor=cor(dat)     # 相関係数の計算
  > round(dat.cor,3)     # PC1,PC2 の位置の確認　5:6 行にある
                         # 見やすくするため、表示桁を小数点以下 3 桁に指定
              sales  profits  assets  marketvalue    PC1     PC2
   sales      1.000    0.497  -0.239        0.379  -0.732  -0.331
```

```
    profits       0.497   1.000   0.116      0.734  -0.895   0.293
    assets       -0.239   0.116   1.000     -0.081   0.129   0.948
    marketvalue   0.379   0.734  -0.081      1.000  -0.862   0.118
    PC1          -0.732  -0.895   0.129     -0.862   1.000   0.000
    PC2          -0.331   0.293   0.948      0.118   0.000   1.000
> # 相関行列からの必要な部分の抽出
> dat.cor1=dat.cor[5:6,1:4]    # data.cor の 5,6 行目、1〜4 列を切り出し
                               # この方法については、付録 A 参照
> # 単位円（半径 1 の円）を描く
> a = seq(0,2*pi,length=100)   # pi: 円周率
> plot( cos(a), sin(a), type='l', lty=3, xlab='PC1', ylab='PC2')
> # 矢印の付加
> arrows(0,0,dat.cor1[1,],dat.cor1[2,],length=0.1,col="red")
> # テキストの付加
> text(dat.cor1[1,], dat.cor1[2,],colnames(dat.cor1))
> abline(v=0,lty=3);abline(h=0,lty=3)
```

因子負荷量の散布図（図 4.8）が表示される。図 4.8 より、変数 sales, profits, marketvalue は第 1 主成分と強い負の相関を持っており、変数 assets と第 1 主成分とはほとんど相関がない。また、変数 assets と第 2 主成分が強い正の相関を持っており、他の 3 つの変数と第 2 主成分とはほとんど相関がない。よって、第 1 主成分は sales, profits, marketvalue に関するものである[5]。これは企業活動の現在の成果の表れと考えることができる。第 2 主成分は assets に関するものであり、ストックの評価と考えることができる。これが大きいと assets が多いと判断できる。必要に応じてさらに下位の主成分の意味を解釈していく（今は、第 2 主成分まで考えればよい）。

主成分得点の散布図を作成すると、主成分軸で見たサンプルの特徴を考察することができる。これを作成するには R コマンダーの《グラフ》▶《散布図》を利用する。「x 変数」に「PC1」を、「y 変数」に「PC2」を選択する。このとき、[点を確認する] をチェックして OK [6]。図 4.9 に示す散布図が表示される。

特徴を見たい点のサンプル番号を表示するために、点の近傍でマウスをクリックしていく。終了したいとき、マウスの右クリックで 停止 を選択する（必ず 停止 させること）。最終的に、図 4.9 を得る。番号 1 のサンプル（総合ランク 1 位の Citigroup）は上方左に配置されている。これは第 2 主成分の値が大きく、第 1 主成分は小さいサンプルであることを意味する。つまり、資産が多く、売上高・利潤・市場価値も大きいサンプルである。番号 4 のサンプル（総合ランク 4 位）は、第 2 主成分の値は平均

---

[5] 固有ベクトルの値を見ると、これら 3 つの係数はほぼ -0.6 に近い。よって第 1 主成分はこれら 3 つの合計のマイナスの値に近い。よって、sales, profits, marketvalue の合計が大きい企業は、第 1 主成分ではマイナス側に配置される。
[6] デフォルトで入っている他のチェックは外しておく。

的（ほぼ0）で、第1主成分が最小なので、売上高・利潤・市場価値が大きく、資産は平均的なサンプルである。総合ランクが下位のサンプルは図の右下に集まっており、これは資産が少なく、売上高・利潤・市場価値も小さなサンプル群である。

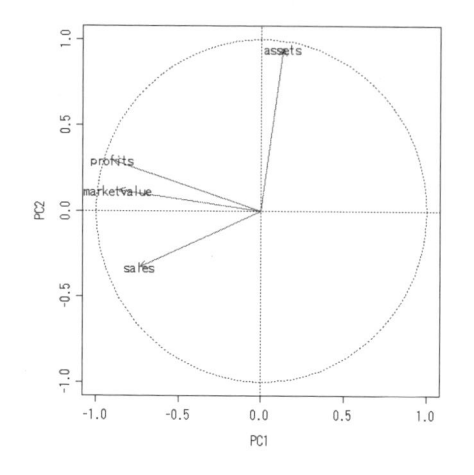

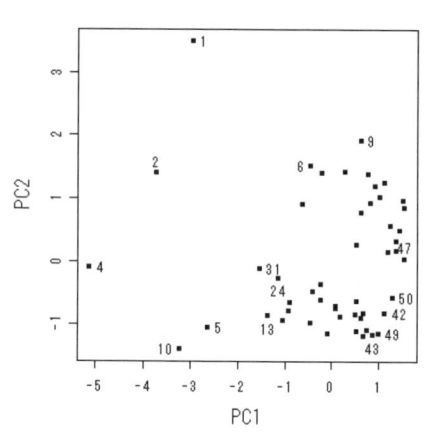

図 4.8　因子負荷量の散布図　　　　図 4.9　主成分得点の散布図

パッケージ FactoMineR の利用

因子負荷量の散布図および主成分得点の散布図は、パッケージ FactoMineR の関数 **PCA()** を用いて作成することができる。それには次のコマンドを順次 R Console に入力する。

```
R Console
> library(FactoMineR)
> dat=dat[,-c(5,6)]     # PC1,PC2 の列を削除（dat が元データなら不要）
> dat.PCA = PCA(dat)    # 計算した結果に data.PCA という名前をつける
> dat.PCA$eig           # 固有値の表示
                        # comp 1 は第 1 主成分
         eigenvalue   inertia  cumulative inertia
comp 1   2.0964356   52.410891           52.41089
comp 2   1.1091028   27.727570           80.13846
comp 3   0.5881186   14.702965           94.84143
comp 4   0.2063430    5.158574          100.00000
> dat.PCA$var$cor       # 因子負荷量の表示
                Dim.1       Dim.2       Dim.3       Dim.4
sales        0.7315961  -0.3310312   0.58467846   0.1154844
profits      0.8952755   0.2933760  -0.03869612  -0.3330389
assets      -0.1286424   0.9484605   0.26770436   0.1104910
marketvalue  0.8620532   0.1177897  -0.41606091   0.2643543
> dat.PCA$ind$coord     # 主成分得点の表示
```

```
        Dim.1        Dim.2        Dim.3        Dim.4
1   2.96239246   3.48675379   0.042234966  -0.335504955
2   3.72065483   1.40024163  -0.622257800   0.369844928
3   0.62732804   0.91240241  -0.289286274   0.836806894
4   5.11861695  -0.09042862   0.396920870  -1.019279663
5   2.62876386  -1.05695476   1.442142326   0.286858643
6   0.43827086   1.52374848  -0.063049826  -0.670606738
 . . . .
```

因子負荷量の散布図を図 4.10 に、主成分得点の散布図を図 4.11 に示す。図 4.10 より、第 1 主成分（Dimension 1 と表記）の寄与率は 52.41 %、第 2 主成分（Dimension 2 と表記）の寄与率は 27.73 %である。R Console の出力中、data.pca$eig が固有値（eigen value）であり、これらと一致している。また、inertia（慣性）は寄与率であり、cumulative inertia は累積寄与率である。第 1 主成分は変数 sales, profits, marketvalue と強い正の相関を持ち、assets との相関は弱い。第 2 主成分は assets と正の相関が強く、他の変数との相関は弱い。

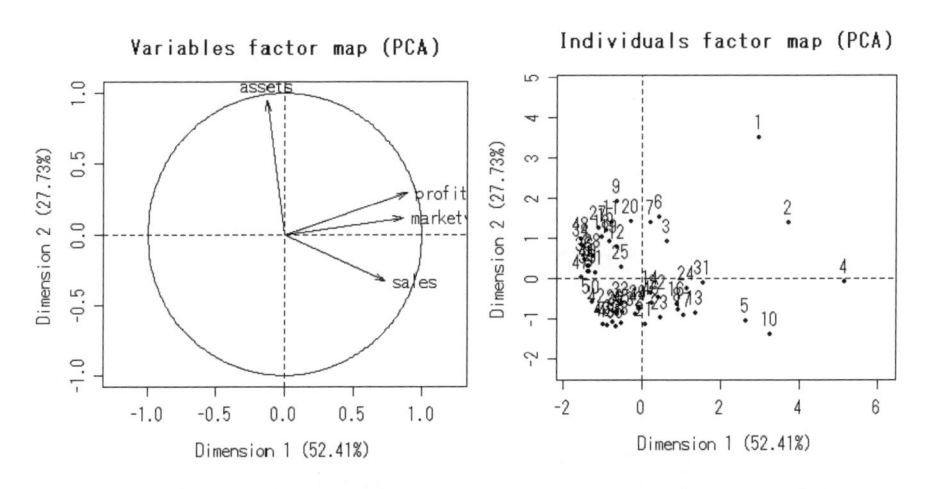

図 4.10　因子負荷量の散布図

図 4.11　主成分得点の散布図

R Console 中、dat.PCAvarcor が因子負荷量であり、dat.PCAindcoord が主成分得点である。これらを利用して、第 3 主成分以降に関する図を作成できる。例えば、

```
R Console
> pairs(dat.PCA$var$cor[,1:3],xlim=c(-1,1),ylim=c(-1,1))
```

により、第 1 から第 3 主成分までの因子負荷量の散布図（図 4.12）を作成することが

できる。ここで、関数 pairs() は散布図行列を作成する関数である。

なお、関数 princomp() と PCA() の出力結果に違いがある。実は、因子負荷量や主成分得点の符号が両者で反転（プラス・マイナスが逆転）している。これは間違っているわけではなく、固有値・固有ベクトルを求める計算法に違いがあるためである。そのため、関数 princomp() の結果と PCA() の結果を比較する場合、注意が必要である。

出力情報を利用して、次のようなことが可能である。第 1, 2 主成分得点の散布図に企業名を表示するとともに、企業の業種（変数：category）で点の種類・色を変えて散布図を作成する。次のコマンドを入力すると、図 4.13 が表示される。

```
R Console
> category50=as.numeric(Forbes50[,4])   # 業種名を数値にして、category50
> # 主成分得点の散布図の作成--カテゴリで層別
> plot(dat.PCA$ind$coord,pch=category50,col=category50)
> # 主成分得点の散布図の作成--企業名の付加
> plot(dat.PCA$ind$coord)
> text(dat.PCA$ind$coord,Forbes50[,2],cex=0.8)   # 企業名の付加
> abline(h=0,lty=3)            # 原点を通る横線
> abline(v=0,lty=3)            # 原点を通る縦線
```

なお、関数 plot() 内で、「pch=数値」は点の種類（point character）を、「col=数値」は色（color）を指定している。また、abline() は線を付加する関数で、「h=数値」で横線を、「v=数値」で縦線を数値位置に追加する。「cex=数値」は文字サイズの指定を行う。

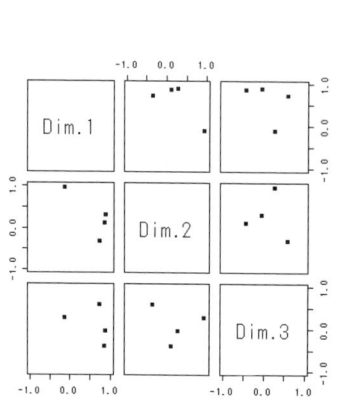

図 4.12　因子負荷量の散布図行列

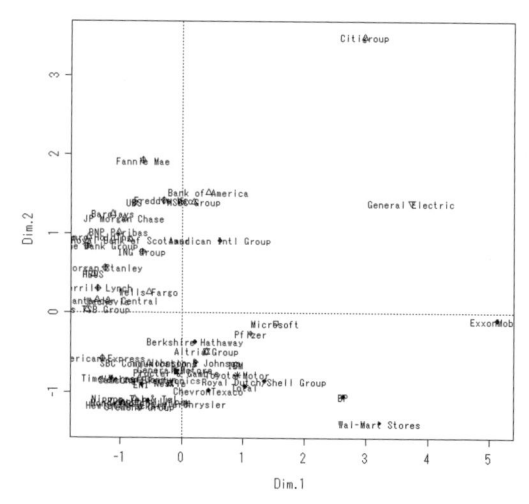

図 4.13　主成分得点の散布図–企業名を付加

> **練習問題 4-1**
>
> Forbes2000 の総合ランク 50 位までのデータの散布図行列を作成したところ、密度プロットより各変数の分布は歪んでいた。各変数の値を対数変換して、主成分分析を行え。

4.3 主成分分析の応用

　重回帰分析で、説明変数間の関係が強いとき多重共線性（マルチコ）があるといった（74 ページ参照）。これがあると、回帰の推定が不安定になるという欠点が生じる。このようなとき、主成分分析を用いて説明変数をあらかじめ主成分にまとめておくと主成分間は無相関になり、関係がなくなる。これより、元の説明変数から構成した主成分を説明変数として回帰分析を行えば、多重共線性の問題を回避することができる。この手法を**主成分回帰**（ principal component regression ）という。

　主成分回帰に限らず、変数を少数個の主成分に縮約し、それを利用したさまざまな分析手法が考えられる。これは、第 5 章以降で学ぶ多変量解析手法にも適用できる。なお、パッケージ **pls**（ partial least squares ）内の関数 **pcr()** を利用すると、主成分回帰を実行できる。

　また、品質管理の世界では、主成分を利用した管理の利用等が考えられる。例えば、たくさんの変数に対して管理図を個別に作成するのは面倒なので、特性を少数個の主成分にまとめ、主成分の管理図を作成するといったことである。

> **練習問題 4-2**
>
> 第 3 章の例題 3-6（83 ページ）のデータでは 6 つの説明変数（電流 x_1、温度 x_2、振動 x_3、トルク x_4、騒音 x_5、回転数 x_6）の間に強い相関があった。6 つの説明変数に対して主成分分析を適用せよ。

第5章　2値・多値データの回帰、ツリーモデル

5.1　適用例

(1) 1986年、スペースシャトルのチャレンジャーが、打ち上げ直後に爆発事故を起こした。調査により、ブースターで使われていたゴム製のオーリング（O-rings）が事故の原因として疑われた。気温が低いとゴムは劣化し、シーリング機能が低下する可能性がある。打ち上げ時の気温は31°Fであった。気温とオーリングの不適合との関連を調べるためにデータを採取した（表5.1）。このデータセットには、temp（気温；単位は華氏）と damages（ダメージ数）の2つの変数がある。damages は、6個のオーリングの内にいくつ不適合があったかというデータである。

(2) 9つの検査値から乳がんかどうかを診断したい。採取した $n=683$ のデータ[1])には変数 ID（識別番号）、9つの検査属性、V1（Clump Thickness：凝集塊の大きさ）、V2（Uniformity of Cell Size：細胞のサイズの均一性）、V3（Uniformity of Cell Shape：細胞の形の均一性）、V4（Marginal Adhesion：周辺への癒着）、V5（Single Epithelial Cell Size：上皮細胞サイズ）、V6（Bare Nuclei：裸核）、V7（Bland Chromatin：クロマチン）、V8（Normal Nucleoli：正常な核小体）、V9（Mitoses：有糸分裂）に加え、結果の変数である class（benign：良性、または malignant：悪性 の2値）がある（表5.2）。なお、V1–V9 の9つの属性は、1–10 のスコアで評価されている。

(3) 植物のあやめ（iris）には、setosa, versicolor, virginica の3つの種（Species）がある。各種50ずつ、計150サンプルのあやめの部位、Sepal.Length（がく片の長さ）、Sepal.Width（がく片の幅）、Petal.Length（花弁の長さ）、Petal.Width（花弁の幅）を計測したデータ（表5.3）を用いて、あやめの種を識別する方法を考えたい。なお、このデータセットは標準のパッケージで利用可能である。

データの形式　本章で扱う手法に関するデータ形式は表5.4のようになる。回帰分析と同様、複数の説明変数と1つの目的変数 y を持つ。しかし、回帰分析と異なるのは、目的変数が質的変数であることである[2])。$x_1, x_2, \ldots, x_p$ は量的変数、質的変数のいずれでも良い。

---

1) 実際には $n=699$ あるが、欠測値データを除くと 683 となる。なおこのデータは、パッケージ **MASS** 中のデータセット **biopsy**（生検）で利用可能。
2) ツリーモデルでは、目的変数は質的変数、量的変数のいずれでもよい。

表 5.1 オーリングデータ

No.	temp	damage
1	53	5
2	57	1
3	58	1
4	63	1
5	66	0
6	67	0
⋮	⋮	⋮

表 5.2 生検データ

No.	ID	V1	V2	V3	V4	V5	V6	V7	V8	V9	class
1	1000025	5	1	1	1	2	1	3	1	1	benign
2	1002945	5	4	4	5	7	10	3	2	1	benign
3	1015425	3	1	1	1	2	2	3	1	1	benign
4	1016277	6	8	8	1	3	4	3	7	1	benign
5	1017023	4	1	1	3	2	1	3	1	1	benign
6	1017122	8	10	10	8	7	10	9	7	1	malignant
⋮	⋮	⋮	⋮	⋮	⋮	⋮	⋮	⋮	⋮	⋮	⋮

5.2 ロジスティック回帰分析

目的変数 y が 2 値を取る（例えば，a,b とする）質的変数で，説明変数が $x_1, x_2, \ldots, x_p$ の回帰分析を考える．この問題に対して回帰分析を適用することもできる．目的変数の a,b の 2 値に対してそれぞれ 1,0 という数値を対応させ，回帰分析を行うのである．推定した回帰式が

$$\widehat{y} = \widehat{\beta}_0 + \widehat{\beta}_1 x_1 + \widehat{\beta}_2 x_2 + \cdots + \widehat{\beta}_p x_p \tag{5.1}$$

となったとする．分類したいサンプルに対して予測値 $\widehat{y}$ を計算する．$\widehat{y}$ の値は連続的な値を取るので，適切に設定した閾値 z と $\widehat{y}$ とを比較して，

$$\begin{cases} \widehat{y} > z \text{ のとき，} & y = 1 \text{ つまり } a \\ \widehat{y} < z \text{ のとき，} & y = 0 \text{ つまり } b \end{cases} \tag{5.2}$$

と分類する．ここではこれとは違った方法を見てみよう．

表 5.3 あやめデータ

No.	Sepal.Length	Sepal.Width	Petal.Length	Petal.Width	Species
1	7.0	3.2	4.7	1.4	versicolor
2	6.4	3.2	4.5	1.5	versicolor
3	6.9	3.1	4.9	1.5	versicolor
4	5.5	2.3	4.0	1.3	versicolor
5	6.5	2.8	4.6	1.5	versicolor
6	5.7	2.8	4.5	1.3	versicolor
⋮	⋮	⋮	⋮	⋮	⋮

表 5.4 データ行列

No.	x_1	x_2	⋯	x_j	⋯	x_p	y
1	x_{11}	x_{12}	⋯	x_{1j}	⋯	x_{1p}	y_1
⋮	⋮	⋮	⋮	⋮	⋮	⋮	⋮
i	x_{i1}	x_{i2}	⋯	x_{ij}	⋯	x_{ip}	y_i
⋮	⋮	⋮	⋮	⋮	⋮	⋮	⋮
n	x_{n1}	x_{n2}	⋯	x_{nj}	⋯	x_{np}	y_n

5.2.1 ロジスティック回帰分析の考え方

$y = 1, 0$ に対する重回帰モデルも、

$$y = f(x_1, x_2, \ldots, x_p) + \varepsilon = \beta_0 + \beta_1 x_1 + \beta_2 x_2 + \cdots + \beta_p x_p + \varepsilon \tag{5.3}$$

$$\varepsilon \sim N(0, \sigma^2) \tag{5.4}$$

とすることができる。しかし、誤差 ε の分布が正規分布のとき、目的変数 y が 2 値を取ることはできない。よって、誤差の分布が正規分布であるというモデルは成り立たない。そこで、$f_i = P(y_i = 1)$ とし、確率 f_i を目的変数とする回帰分析を考える。だが、確率の値は 0 から 1 の値しか取らないので、もう一工夫いる。そのため、確率の値が $-\infty$ から $+\infty$ の値となるように変換することを考える。変換の方式にはさまざまあるが、最も代表的なものが **ロジット変換** である。ロジット変換は、

$$\mathrm{logit}(x) = \log\left(\frac{x}{1-x}\right) \tag{5.5}$$

で与えられる。関数 **logit**(x) をグラフに表すと、図 5.1（左）になる。図より、ロジット変換は $(0, 1)$ の値を $(-\infty, +\infty)$ の値に変換していることがわかる[3]。なお、ロジッ

---

[3] パッケージ **car** または **faraway** にロジット変換の関数 logit() が用意されている。

ト変換の逆変換を $\mathrm{ilogit}(x)$[4]とするとき、

$$\mathrm{ilogit}(x) = \frac{e^x}{1+e^x} \tag{5.6}$$

となる（図 5.1 右）。

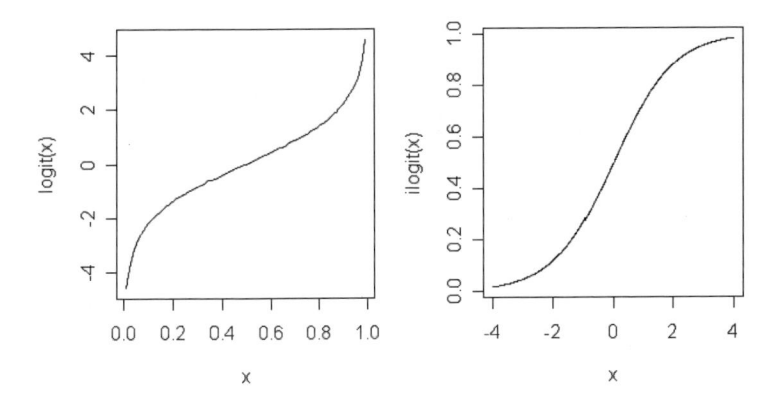

図 5.1 ロジット変換と逆変換——ロジット変換（左）、ロジット逆変換（右）

確率 f をロジット変換した値を説明変数に回帰させるモデル

$$\mathrm{logit}(f) = \log\left(\frac{f}{1-f}\right) = \beta_0 + \beta_1 x_1 + \beta_2 x_2 + \cdots + \beta_p x_p \tag{5.7}$$

を考える。これをロジスティック回帰モデルという。

一般化線形モデル

重回帰モデル（53 ページ）は

$$y = f + \varepsilon = \beta_0 + \beta_1 x_1 + \beta_2 x_2 + \cdots + \beta_p x_p + \varepsilon \tag{5.8}$$

であった。y の期待値を取ると、

$$E(y) = f = \beta_0 + \beta_1 x_1 + \beta_2 x_2 + \cdots + \beta_p x_p \tag{5.9}$$

となる。これと式 (5.7) のモデルを比較してみると、ロジスティック回帰モデルでは、期待値部分である $E(y) = f$ の変換 $\mathrm{logit}(f)$ を考え、これが f を説明変数の線形関係に結びつけるという構造を持つ。これをより一般化し、ある関数 $g()$ に対して

$$g(f) = \beta_0 + \beta_1 x_1 + \beta_2 x_2 + \cdots + \beta_p x_p \tag{5.10}$$

---

[4] i は inverse（逆）を意味する。この関数はパッケージ faraway に **ilogit()** という名前で用意されている。

を考える。関数 g は、応答 f を線形予測の世界と結びつける役割を果たしているので、**リンク関数** と呼ばれる。すると、重回帰モデルは、リンク関数が $g(x) = x$、誤差分布が正規分布の場合であり、ロジスティック回帰モデルは、$g(x) = \text{logit}(x)$、誤差分布が 2 項分布 の場合となる。このようなモデルを、**一般化線形モデル**（ glm: generalized linear model）という。

　一般化線形モデルは、回帰分析のみならずロジスティック回帰等を包含する一般的なモデルであり、1970 年代に提案された。目的変数が 2 値・多値の場合や整数値の場合などさまざまな状況を統一的に取り扱うことが可能となっている。表 5.5 に代表的なリンク関数と誤差分布との関係を示す。一般化線形モデルでは、回帰分析で見たような変数選択の手法やモデルチェック（回帰診断）の手法を適用することができるという特長を持つ。

表 5.5　リンク関数と誤差分布の標準的な対応関係

リンク関数 $g(x)$	誤差
x	正規分布
$\text{logit}(x)$	2 項分布
$\log(x)$	ポアソン分布
$1/x$	ガンマ分布

以下、例を用いて適用の仕方を見てみよう。

例題 5-1

　オーリングデータ（表 5.1）を用いて、temp（気温）と damages（ダメージ数）の関係をロジスティック回帰分析により求めたい。なお、気温の単位は華氏（°F）であり、damages は、6 個の内の不適合数である。

[解] **オーリングデータの解析**

手順 1　データのインポート

　パッケージ **faraway** にオーリングデータ（データセット名：**orings**）がある[5]。次のコマンドを R Console に入力し、利用可能にする。

```
> library(faraway)
次のパッケージを付け加えます: 'faraway'

    The following object(s) are masked from package:car :
```

---

[5] 他に、パッケージ **DAAG** のデータセット **orings**、パッケージ **vcd** のデータセット **SpaceShuttle** の **oring** が同じデータである。

```
            logit vif

        The following object(s) are masked from package:lattice :
            melanoma

> data(orings)
> attach(orings)   # 変数名 temp, damages を直接利用できるようにする
```

次に、R コマンダーのデータセット欄のアイコンをクリックして、オーリングデータをアクティブにする (図 5.2)。「データセットを表示」でデータを表示し、正しく読み込めているかどうかを確認する。また、《統計量》▶《要約》▶《アクティブデータセット》より、要約統計量を表示し、データの様子を確認しておく。

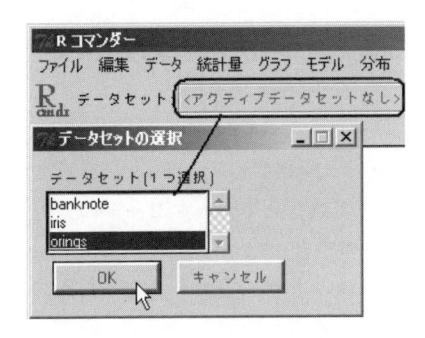

図 5.2 パッケージ内データをアクティブデータセットに

手順 2 データのグラフ化

横軸に temp、縦軸に damage/6 (6 個中のダメージ数の割合) を取って散布図を描き、気温とダメージの割合との関係のパターンを見る。次のコマンドを R Console に入力すると、図 5.3 が表示される。

```
─ R Console ──────────────────────────
> plot(temp,damage/6,ylim=c(0,1))
```

ここで、関数 plot() を用いて散布図を描いている。**plot(横軸に取る変数, 縦軸に取る変数)** の形で利用し、「ylim=c(0,1)」は縦軸 (y 軸) の描画範囲を指定するパラメータで、「**ylim=c(下限値, 上限値)**」の形で利用する (横軸の指定には、「xlim」を用いる)。

手順 3 データセット orings をアクティブに

《データ》▶《アクティブデータセット》▶《アクティブデータセットの選択》より orings を指定し、OK。

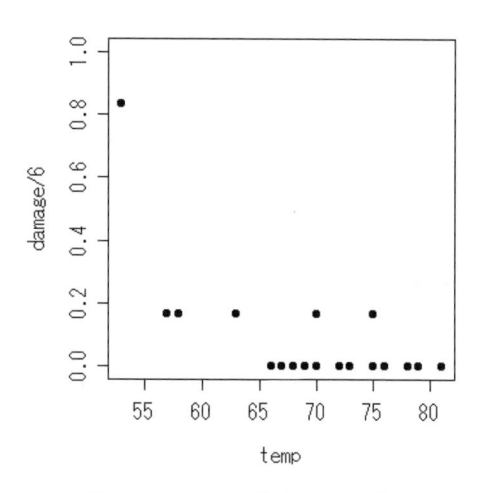

図 5.3　オーリングデータの散布図

手順 4　一般化線形モデル

R では、一般化線形モデルの関数として **glm()** が用意されている。ロジスティック回帰モデルで、個数が目的変数としてデータセットに入力されている場合、目的変数には適合数と不適合数、今の場合、「damage」と「6−damage」のペアの値を指定する必要がある[6]。このためこれら 2 つの変数を結合したものをモデル式の左辺に入力する。具体的には次のようにする。

R コマンダーの《統計量》▶《モデルへの適合》▶《一般化線型モデル》を選択する。一般化線形モデルのダイアログボックスが表示されるので、[モデル式]の左辺に

　　cbind(damage,6−damage)

を入力し、右辺に変数名をダブルクリックして temp を入力する（図 5.4）[7]。

[リンク関数族]をダブルクリックして指定すると、これに対応するリンク関数が[リンク関数]欄に表示されるとともに、標準的なものが選択される。選択できるのは

1) gaussian：正規　　2) binomial：2 項　　3) poisson：ポアソン
4) Gamma：ガンマ　　　　　　　　5) inverse.gaussian：逆正規
6) quasibinomial　　　　　　　　7) quasipoisson

である。

今の場合、リンク関数族が「binomial」（2 項分布）、リンク関数 が「logit」であることを確認して、OK。出力ウィンドウに結果が表示される。

---

[6]　関数 glm() では、目的変数に、不適合数と適合数の 2 つを指定する。ただし、目的変数がサンプル単位の 2 値で入力されている場合は、0 または 1 のいずれかでよい。
[7]　**cbind()** は、ベクトル等を列単位に結合する（bind）関数。c は column（列）の c。

5.2 ロジスティック回帰分析

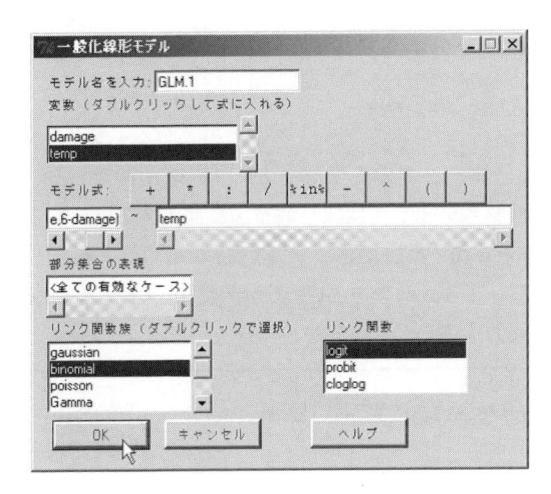

図 5.4 一般化線形モデルのダイアログボックス

```
─ ［出力ウィンドウ］一般化線形モデルの出力 ─────────────

> GLM.1 <- glm(cbind(damage,6-damage) ~ temp , family=binomial(logit),
               data=orings)
> summary(GLM.1)

Call:
glm(formula = cbind(damage, 6 - damage) ~ temp, family = binomial(logit),
    data = orings)

Deviance Residuals:
    Min       1Q   Median       3Q      Max
-0.9529  -0.7345  -0.4393  -0.2079   1.9565

Coefficients:
             Estimate Std. Error z value Pr(>|z|)
(Intercept) 11.66299    3.29626   3.538 0.000403 ***
temp        -0.21623    0.05318  -4.066 4.78e-05 ***
---
Signif. codes:  0 '***' 0.001 '**' 0.01 '*' 0.05 '.' 0.1 ' ' 1

(Dispersion parameter for binomial family taken to be 1)

    Null deviance: 38.898  on 22  degrees of freedom
Residual deviance: 16.912  on 21  degrees of freedom
AIC: 33.675

Number of Fisher Scoring iterations: 6
```

この結果より、temp は有意水準 0.1 %で有意であり、推定した関数は、

$$\widehat{\mathrm{logit}}(x) = 11.66299 - 0.21623x \tag{5.11}$$

となることがわかる。また、このモデルの AIC は 33.675 である。

手順 4 推定したロジスティック曲線を散布図に記入する

変数 temp と damage/6 の散布図に、式 (5.11) を利用して推定したロジスティック曲線を記入する。このとき、関数 logit() の逆関数 **ilogit()** を利用する。次のコマンドを R Console に入力すると、図 5.5 を得る。

```
> plot(temp,damage/6,xlim=c(30,85),ylim=c(0,1))  # 横軸の範囲を変更して
                                                  # 再度散布図を描く
> x=seq(30,85,1)
> lines(x,ilogit(11.66299-0.21623*x))
```

関数 **lines()** を用いて散布図にロジスティック曲線を追加している。

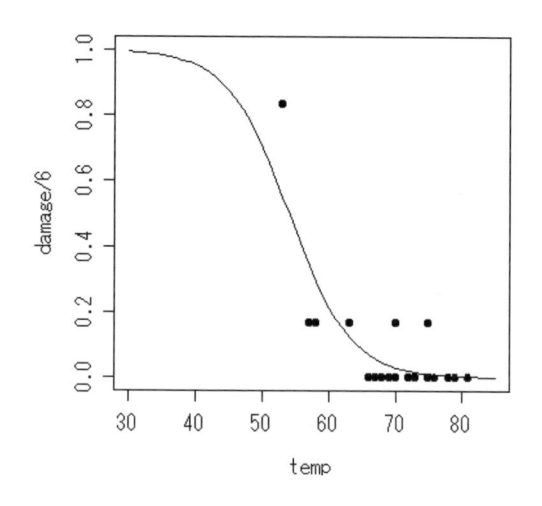

図 5.5 推定したロジスティック曲線のグラフ

手順 5 予測

回帰分析と同様、予測には関数 predict() を利用する。例えば、次によりロジットスケールでの予測が可能となる。

5.2 ロジスティック回帰分析

```
R Console
> predict(GLM.1)
         1          2          3          4          5
 0.2026055 -0.6623292 -0.8785628 -1.9597311 -2.6084321
         6          7          8          9         10
-2.8246658 -2.8246658 -2.8246658 -3.0408995 -3.2571331
. . . .
```

確率を推定したい場合は、関数 predict() で「type="response"」のオプションをつける。

```
R Console
> predict(GLM.1,type="response")
          1           2           3           4           5
 0.550478817 0.340216592 0.293475686 0.123496147 0.068597710
          6           7           8           9          10
 0.056005745 0.056005745 0.056005745 0.045612000 0.037071413
. . . .
```

5.2.2　glm の出力結果の読み方

123 ページの出力ウィンドウで表示された結果を例として、関数 glm() の結果の要約情報の読み方を見る。その内容および構造は、線形モデルの関数 lm() のものと似ている。

● Deviance Residuals（逸脱度残差）

```
Deviance Residuals:
    Min      1Q   Median      3Q     Max
-0.9529  -0.7345  -0.4393 -0.2079  1.9565
```

deviance residuals（逸脱度残差）は、回帰分析における基準化した残差に対応する。関数 summary() はそれらを要約した統計量（Min, 1Q, Median, 3Q, Max）のみを表示する。個々の値を表示するには関数 residuals() を利用する。次のコマンドを R Console に入力する。

```
R Console
> residuals(GLM.1)     # residuals(モデル名)
         1          2          3          4          5          6          7
 1.4704007 -0.9529154 -0.7205297  0.3074051 -0.9234543 -0.8316384 -0.8316384
         8          9         10         11         12         13         14
-0.8316384 -0.7484783 -0.6732847  1.3807586 -0.6053885  1.3807586 -0.6053885
. . . .
```

● coefficients（係数）

```
Coefficients:
            Estimate Std. Error z value Pr(>|z|)
(Intercept) 11.66299    3.29626   3.538 0.000403 ***
temp        -0.21623    0.05318  -4.066 4.78e-05 ***
---
Signif. codes:  0 '***' 0.001 '**' 0.01 '*' 0.05 '.' 0.1 ' ' 1
```

Estimate は推定値を意味する。(Intercept)（切片：β_0）の推定値 $\widehat{\beta_0}$ は「11.66299」、temp の係数 β_1 の推定値 $\widehat{\beta_1}$ は「−0.21623」である。temp の P 値は「4.78e−05」なので、変数 temp は有意であり、モデルに利用することに意味があることがわかる。

● Null deviance, Residual deviance, AIC

```
    Null deviance: 38.898  on 22  degrees of freedom
Residual deviance: 16.912  on 21  degrees of freedom
AIC: 33.675
```

deviance（逸脱度）は、モデルの対数尤度と、データに完全に適合する最適モデルの下での対数尤度との差で定義される。逸脱度は適合度の指標であると考えればよい。**Null deviance** は、説明変数のない、切片のみのモデルの逸脱度である。**Residual deviance** は、現行モデルの逸脱度である。

回帰分析の場合の分散分析（ANOVA）表に対応するものが deviance 表である。これは、Null deviance と Residual deviance との差の検定を行う。これを実行するには《モデル》▶《仮説検定》▶《分散分析表》を選択する。次の結果が出力ウィンドウに表示される。

```
─［出力ウィンドウ］Anova 表 ─────────────────
> Anova(GLM.1)
Anova Table (Type II tests)

Response: cbind(damage, 6 - damage)
     LR Chisq Df  Pr(>Chisq)
temp   21.985  1  2.747e-06 ***
---
Signif. codes:  0 '***' 0.001 '**' 0.01 '*' 0.05 '.' 0.1 ' ' 1
```

これは、逸脱度の差が χ^2 分布で近似できることを利用した検定である。LR Chisq の値 21.985 は「Null deviance − Residual deviance = 38.898 − 16.912」であり、Df（自由度）の 1 は各自由度の差（22 − 21）である。これが有意なので、両者には違いがある。よって、モデルに temp を考えることに意味がある。なお、第 3 章ですでに見たように、AIC を用いてモデルの適合度を評価することもできる。

●フィッシャーのスコア法

```
Number of Fisher Scoring iterations: 6
```

5.2 ロジスティック回帰分析

　関数 glm() では、パラメータを推定するために繰り返し計算（iterations）を行う。フィッシャーのスコア法（Fisher Scoring）はこの計算法の名前である。計算の繰り返し回数（Number of Fisher Scoring iterations）が多いことは、モデルへの適合が困難であることを意味するので、このときは注意が必要である。繰り返し計算の様子を見たい場合、「trace=T」というオプションをつけると、各ステップをトレース（trace）できる。

　これを実行するには、R コマンダーのスクリプトウィンドウにある

```
GLM.1<-glm(cbind(damage,6-damage) ~temp, family=binomial(logit), data=orings)
```

に「trace=T,」を追加して、実行ボタンをクリックする。出力ウィンドウに結果が表示される（この方法の詳細については付録 A.1、182 ページ参照）。

```
─ ［出力ウィンドウ］トレースの実行 ──────────────
> GLM.1 <- glm(cbind(damage,6-damage) ~ temp , family=binomial(logit),
            trace=T, data=orings)
Deviance = 20.25236 Iterations - 1
Deviance = 17.19173 Iterations - 2
Deviance = 16.91626 Iterations - 3
....
Deviance = 16.91228 Iterations - 6
```

　Iterations（繰り返し回数）が増えるにつれて、Deviance（逸脱度）の値が減少しながらある一定の値（今の場合、16.91228）に収束していることがわかる。このため、繰り返し 6 回で終了している。

―― 例題 5-2 ――――――――――――――――――――――――――
　生検データ（表 5.2）を用いてロジスティック回帰分析を行い、乳がんを特徴づける検査変数を求めたい。
――――――――――――――――――――――――――――――

[解] ロジスティック回帰分析の手順
手順 1　データセットをアクティブにする

　パッケージ MASS 内の生検データ（データセット名：biopsy）を利用する。次のコマンドを R Console に入力し、利用可能にする。また、関数 **head()** を用いて最初の 6 行を表示している。

```
─ R Console ────────────────────────────
> library(MASS) # 必要なら
> data(biopsy)
> head(biopsy)  # 最初の 6 行の表示
      ID V1 V2 V3 V4 V5 V6 V7 V8 V9    class
1 1000025  5  1  1  1  2  1  3  1  1   benign
```

```
2 1002945  5  4  4  5  7 10  3  2  1    benign
3 1015425  3  1  1  1  2  2  3  1  1    benign
4 1016277  6  8  8  1  3  4  3  7  1    benign
5 1017023  4  1  1  3  2  1  3  1  1    benign
6 1017122  8 10 10  8  7 10  9  7  1    malignant
> summary(biopsy)    # データセットの要約情報
      ID                V1              V2              V3
 Length:699       Min.   : 1.000   Min.   : 1.000   Min.   : 1.000
 Class :character 1st Qu.: 2.000   1st Qu.: 1.000   1st Qu.: 1.000
 Mode  :character Median : 4.000   Median : 1.000   Median : 1.000
                  Mean   : 4.418   Mean   : 3.134   Mean   : 3.207
                  3rd Qu.: 6.000   3rd Qu.: 5.000   3rd Qu.: 5.000
                  Max.   :10.000   Max.   :10.000   Max.   :10.000
 . . . .
```

《データ》▶《アクティブデータセット》▶《アクティブデータセットの選択》より、biopsyをアクティブにする。データセットを表示で、正しく読み込めているかどうかを確認する。

手順2 データのグラフ化

散布図行列を図5.6に示す。各変数のヒストグラムは歪んだ形になっている。散布図では相関を見るのは難しいが、相関行列（省略）からはいくつかの変数間に関係があることがわかる。

手順3 一般化線形モデルの適用

Rコマンダーの《統計量》▶《モデルへの適合》▶《一般化線型モデル》を選択する。一般化線形モデルのダイアログボックスで、[モデル式]の左辺に「class」を[8]、右辺に、変数名をダブルクリックして[+]キーを押しながらモデル式を入力していく（図5.7）[9]。リンク関数族が「binomial」、リンク関数が「logit」であることを確認して、[OK]。

出力ウィンドウに次の結果が表示される。変数V1, V4, V6, V7が有意である。

―― ［出力ウィンドウ］一般化線形モデルの出力 ――
```
> GLM.1 <- glm(class ~ V1 + V2 + V3 + V4 + V5 + V6 + V7 + V8 + V9,
                family=binomial(logit), data=biopsy)
> summary(GLM.1)
Call:
glm(formula = class ~ V1 + V2 + V3 + V4 + V5 + V6 + V7 + V8 +
    V9, family = binomial(logit), data = biopsy)
. . . .
```

[8] 例題5-1のオーリングデータでは、適合数と不適合数のペアを目的変数に指定したが、目的変数が2値の場合はどちらか一方で良い。
[9] モデル式を直接キー入力して良い。

```
Coefficients:
            Estimate Std. Error z value Pr(>|z|)
(Intercept) -10.10394    1.17488  -8.600  < 2e-16 ***
V1            0.53501    0.14202   3.767 0.000165 ***
V2           -0.00628    0.20908  -0.030 0.976039
V3            0.32271    0.23060   1.399 0.161688
V4            0.33064    0.12345   2.678 0.007400 **
V5            0.09663    0.15659   0.617 0.537159
V6            0.38303    0.09384   4.082 4.47e-05 ***
V7            0.44719    0.17138   2.609 0.009073 **
V8            0.21303    0.11287   1.887 0.059115 .
V9            0.53484    0.32877   1.627 0.103788
---
Signif. codes:  0 '***' 0.001 '**' 0.01 '*' 0.05 '.' 0.1 ' ' 1
(Dispersion parameter for binomial family taken to be 1)

    Null deviance: 884.35  on 682  degrees of freedom
Residual deviance: 102.89  on 673  degrees of freedom
  (16 observations deleted due to missingness)
AIC: 122.89

Number of Fisher Scoring iterations: 8
```

手順 4 変数選択

関数 step() を利用して変数選択を行う。次のコマンドを R Console に入力する。この出力の読み方は、回帰分析の場合とほぼ同じである（88 ページ参照）。

```
R Console

  > GLM.1.step=step(GLM.1)
  Start:  AIC=122.89
  class ~ V1 + V2 + V3 + V4 + V5 + V6 + V7 + V8 + V9

          Df Deviance    AIC
  - V2     1   102.89 120.89
  - V5     1   103.27 121.27
  - V3     1   104.74 122.74
  <none>       102.89 122.89
  - V9     1   106.61 124.61
  . . . .
  Step:  AIC=119.27
  class ~ V1 + V3 + V4 + V6 + V7 + V8 + V9

          Df Deviance    AIC
  <none>       103.27 119.27
  - V9     1   107.14 121.14
  - V8     1   107.72 121.72
```

第 5 章　2 値・多値データの回帰、ツリーモデル

```
- V3      1    107.90 121.90
- V7      1    111.69 125.69
- V4      1    112.17 126.17
- V1      1    121.55 135.55
- V6      1    123.15 137.15

> GLM.1.step
Call:  glm(formula = class ~ V1 + V3 + V4 + V6 + V7 + V8 + V9,
           family = binomial(logit), data = biopsy)

Coefficients:
(Intercept)         V1          V3         V4         V6         V7
   -9.9828       0.5340      0.3453     0.3425     0.3883     0.4619
         V8         V9
     0.2261     0.5312
Degrees of Freedom: 682 Total (i.e. Null);   675 Residual
  (16 observations deleted due to missingness)
Null Deviance:      884.4
Residual Deviance: 103.3           AIC: 119.3
```

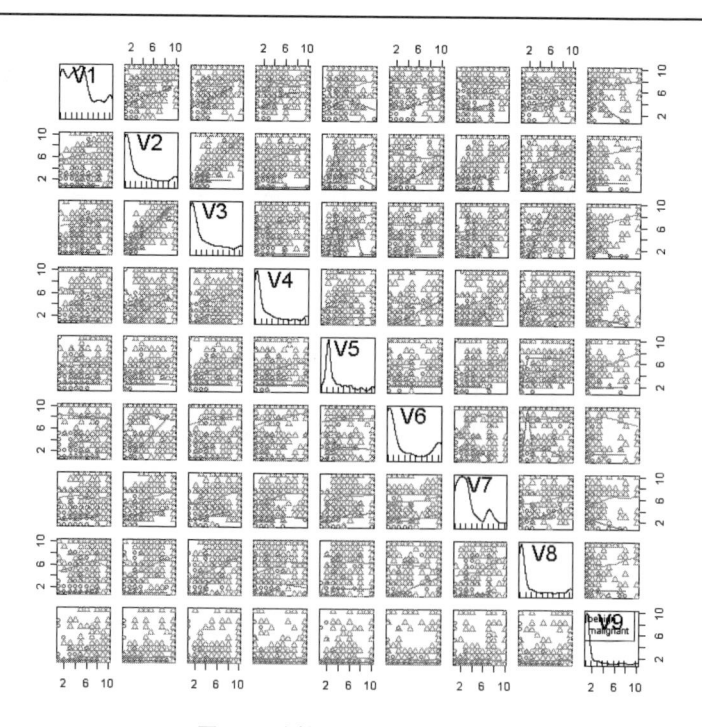

図 5.6　生検データの散布図行列

5.2 ロジスティック回帰分析

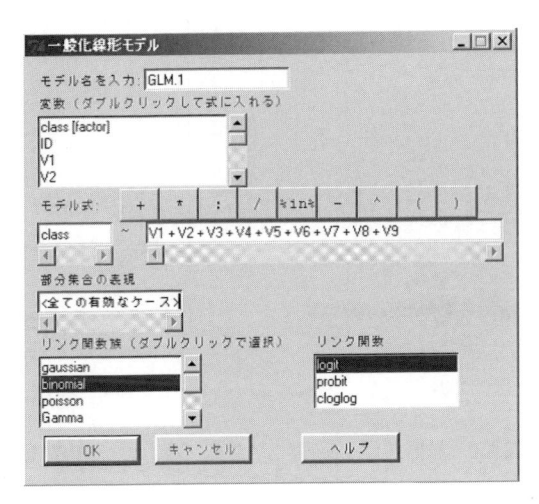

図 5.7 一般化線形モデルのダイアログボックス

手順 5 診断

手順 4 により、step(GLM.1) の結果が GLM.1.step に保存されている。変数選択された結果に対してモデルの診断を行うことができる。基本的な考え方は、第 3 章で述べた回帰診断と同じである。作成したモデルの中に、診断に必要な情報が保持されているので、これを取り出して分析する。そのとき、次のような関数を利用することができる。

- 予測値　predict(モデル名,type="link")
- 残差　residuals(モデル名)
- てこ比（レベレッジ）　influence(モデル名)$hat
- クックの距離　cooks.distance(モデル名) または cookd(モデル名)

例えば、次のコマンドによりてこ比およびクックの距離の図（図 5.8）を描くことができる。また、回帰分析と同様、基本的診断プロットを利用することもできる。

```
R Console
> plot(influence(GML.1.step)$hat)      # てこ比のプロット
> plot(cooks.distance(GML.1.step))     # クックの距離のプロット
```

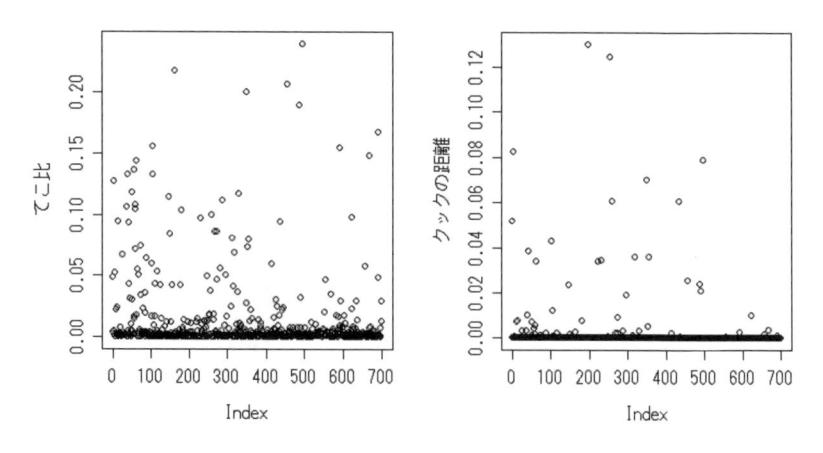

図 5.8　診断プロット–左：てこ比、右：クックの距離

練習問題 5-1

半導体素子の製造工程を変更したところ、オープン不良（電気的な導通がないという不良）が増加した。5 つの対策案 A, B, C, D, F（各 2 水準）を策定し、それらの効果およびその大きさを確認するために L_8 直交表による実験を行ったところ、表 5.6 のデータを得た。特性値 y は $n = 1000$ 個中のオープン不良数である。

ロジスティック回帰分析を行い、対策案の効果を検証せよ。

表 5.6　オープン不良データ

No.	A [1]	B [2]	C [3]	D [4]	F [5]	y
1	l1	l1	l1	l1	l1	23
2	l1	l1	l1	l2	l2	11
3	l1	l2	l2	l1	l1	26
4	l1	l2	l2	l2	l2	17
5	l2	l1	l2	l1	l2	70
6	l2	l1	l2	l2	l1	9
7	l2	l2	l1	l1	l2	55
8	l2	l2	l1	l2	l1	30

練習問題 5-2

スパム（spam）メールの送信者は、受信者に開かせる方法を考えている。サブジェクト（件名）に特定の語句を書くと効果があるか、5000 通の電子メールを作成して、実験することにした。件名にファーストネームを記載したものとしていないもの、提案を記載したもの

としていないものの組合せを各 1250 通作成し、メールを送信した。そして、それらが開けられたかどうかをウェブサーバーで追跡したところ、表 5.7 のデータを得た（Verzani [37]、349 ページより）。このような分割表データをロジスティック回帰を用いて分析することができる。R で分析するためのデータの入力スタイルはいくつかあるが、例えば、表 5.8 の形のデータを作成して、関数 glm() に適用すればよい。このデータに対してロジスティック回帰分析を行え。

表 5.7 スパムメールの開かれた数

件名中に		提案	
		あり	なし
ファーストネーム	あり	20/1250	15/1250
	なし	17/1250	8/1250

表 5.8 R コマンダー用データ形式

ファーストネーム	提案	y
あり	あり	20
あり	なし	15
なし	あり	17
なし	なし	8

5.3 多項ロジット分析

ロジスティック回帰分析は、2 値の目的変数に対する分析手法である。ここでは、3 値以上の値を取る（多値という）目的変数に対する分析の方法を見る。多値を取る分布は、通常、多項分布であり、誤差構造を多項分布、リンク関数をロジットとする一般化線形モデルを適用すればよい。このモデルを多項ロジットモデル（multinomial logit model）という。多値でも、自然な順序がある場合とない場合とがあるが、ここでは後者を見る。

あやめデータ（データセット名：iris）に多項ロジットモデルを適用してみよう。変数 Species を目的変数（3 値）、他の 4 つの変数を説明変数とする多項ロジットモデルを適用する。

手順 1 データセットをアクティブにする

次のコマンドを入力後、アクティブデータセットの切り替えを行う。

第5章 2値・多値データの回帰、ツリーモデル

R Console

```
> data(iris)
```

手順2 多項ロジットモデルの適用

R コマンダーの《統計量》▶《モデルへの適合》▶《多項ロジットモデル》を選択する。多項ロジットモデルのダイアログボックスで、目的変数を「Species」、説明変数を「Petal.Length + Petal.Width + Sepal.Length + Sepal.Width」の形に、変数名をダブルクリックして+をクリックしながら指定し、OK（図5.9）。ダイアログボックスは《回帰モデル》メニューのものとほぼ同じである。標準ではモデル名が「MLM.番号」となることに注意（MLM は、multinomial logit model の頭文字）。出力ウィンドウに結果が表示される。

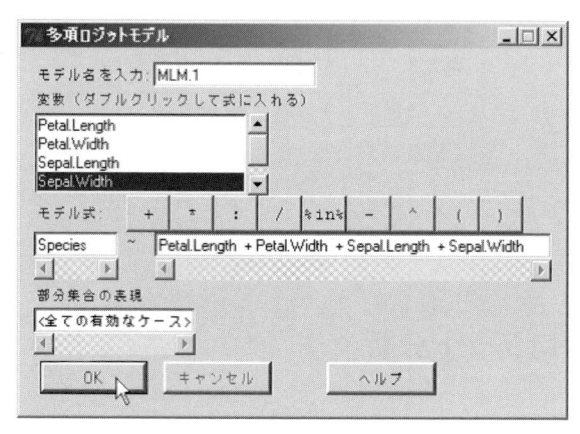

図 5.9　多項ロジットモデルのダイアログボックス

［出力ウィンドウ］多項ロジットモデルの出力

```
> MLM.1 <- multinom(Species ~ Petal.Length + Petal.Width + Sepal.Length
         + Sepal.Width, data=iris, trace=FALSE)
> summary(MLM.1, cor=FALSE, Wald=TRUE)
Call:
multinom(formula = Species ~ Petal.Length + Petal.Width + Sepal.Length +
    Sepal.Width, data = iris, trace = FALSE)

Coefficients:
           (Intercept) Petal.Length Petal.Width Sepal.Length Sepal.Width
versicolor    18.69037     14.24477   -3.097684    -5.458424    -8.70740
virginica    -23.83628     23.65978   15.135301    -7.923634   -15.37077

Std. Errors:
```

```
                (Intercept) Petal.Length Petal.Width Sepal.Length Sepal.Width
versicolor       34.97116     60.19170    45.48852     89.89215    157.0415
virginica        35.76649     60.46753    45.93406     89.91153    157.1196

Value/SE (Wald statistics):
                (Intercept) Petal.Length Petal.Width Sepal.Length Sepal.Width
versicolor       0.5344511   0.2366567   -0.06809815  -0.06072192 -0.05544649
virginica       -0.6664417   0.3912807    0.32950063  -0.08812701 -0.09782845


Residual Deviance: 11.89973
AIC: 31.89973
```

スクリプトウィンドウの内容からわかるように、多項ロジットモデルでは、関数 glm() ではなく、関数 **multinom()**（パッケージ **nnet**（<u>n</u>eural <u>net</u>）にある）を利用する。この関数の書式は

   multinom(モデル式, 利用データセット名)

である。モデル式の記法は、回帰分析やロジスティック回帰分析と同じである。

手順 3　変数選択

関数 step() を用いて、変数選択を行うことができる。次のコマンドにより、変数選択した結果に「MLM.2」というモデル名を付けて保存する。

```
> MLM.2=step(MLM.1)
Start:  AIC=31.9
Species ~ Petal.Length + Petal.Width + Sepal.Length + Sepal.Width

trying - Petal.Length
# weights:  15 (8 variable)
initial  value 164.791843
iter  10 value 23.346685
iter  20 value 13.527309
 . . . .
               Df      AIC
<none>          8  29.26653
- Sepal.Width   6  32.57901
- Petal.Length  6  39.39931
- Petal.Width   6  43.51576
```

変数選択により、Sepal.Length は不要となった。新しいモデル MLM.2 の要約情報を表示すると、次のようになる。

第5章 2値・多値データの回帰、ツリーモデル

――［出力ウィンドウ］変数選択後の要約情報 ――――――――――――――
```
> summary(MLM.2)
Call:
multinom(formula = Species ~ Petal.Length + Petal.Width + Sepal.Width,
    data = iris, trace = FALSE)

Coefficients:
           (Intercept) Petal.Length Petal.Width Sepal.Width
versicolor    14.15646     14.09906   -2.695628   -17.32240
virginica    -36.44078     21.98210   18.765796   -25.70717

Std. Errors:
           (Intercept) Petal.Length Petal.Width Sepal.Width
versicolor    29.66211     68.57820    39.08345    47.48205
virginica     32.18618     68.76678    39.75433    48.00257

Residual Deviance: 13.26653
AIC: 29.26653
```

手順4　予測

次のコマンドにより、モデルを用いて予測することができる。

――［出力ウィンドウ］予測 ――――――――――――――
```
> predict(MLM.2,data=iris)
  [1] setosa     setosa     setosa     setosa     setosa     setosa
....
 [49] setosa     setosa     versicolor versicolor versicolor versicolor
....
[145] virginica  virginica  virginica  virginica  virginica  virginica
Levels: setosa versicolor virginica

> round(predict(MLM.2,data=iris,type="prob"),2)   # 確率で。小数点以下 2 桁で表示
    setosa versicolor virginica
1        1       0.00      0.00
....
50       1       0.00      0.00
51       0       1.00      0.00
....
100      0       1.00      0.00
101      0       0.00      1.00
....
150      0       0.04      0.96
```

上記で、関数 **round()** を用いて数値を小数点以下 2 桁で表示している。この関数は **round(数値, 表示桁)** の形で用いる。

5.4 ツリーモデル

ツリーモデルは、目的変数、説明変数を持つ回帰モデルの一種である。目的変数および説明変数は層別変数でも数値変数でもよい非線形な回帰分析の手法で、目的変数のタイプに応じて **決定木**（decision tree）や **回帰木**（regression tree）ともいう。この手法は、非常にシンプルで、直感的に理解しやすい。また、データに潜在する構造を簡潔に可視化するという特長を持つ。

この手法はパッケージ R コマンダーにメニュー化されていないため、R Console でコマンドを用いて実行する必要がある。パッケージ **rpart**（recursive partitioning：再帰的分割）に、関数 **rpart()** があり、これを利用して実行可能である。他に、ツリーモデルに関連するパッケージとして、**tree**, **party**, **mvpart** 等がある。

関数 rpart() の利用法は、

rpart(モデル式, 利用データセット名, 方法の指定)

である。モデル式は、回帰分析の場合と同じ記法を用いて、

目的変数 ~ 説明変数1 + 説明変数2 + ⋯ + 説明変数p

とする。方法を指定することも可能であるが、目的変数の性質に応じて rpart() が最適なものを指定してくれる。

例題 5-3

データセット biopsy に対して、目的変数を class、説明変数を V1–V9 としてツリーモデルを作成してみよう。

手順 1 ツリーモデルの当てはめ

次のコマンドを R Console に入力する。

```
R Console

> library(rpart)
> library(MASS)       # 必要なら
> data(biopsy)
> biopsy.rp <- rpart(class ~ V1 + V2 + V3 + V4 + V5 + V6 + V7 + V8 + V9,
                     data=biopsy)
> biopsy.rp
n= 699

node), split, n, loss, yval, (yprob)
      * denotes terminal node
 1) root 699 241 benign (0.65522175 0.34477825)
```

```
          2) V2< 2.5 429   12 benign (0.97202797 0.02797203)
            4) V6< 5.5 421    5 benign (0.98812352 0.01187648) *
            5) V6>=5.5 8     1 malignant (0.12500000 0.87500000) *
          3) V2>=2.5 270   41 malignant (0.15185185 0.84814815)
            6) V3< 2.5 23    5 benign (0.78260870 0.21739130)
             12) V7< 3.5 16   0 benign (1.00000000 0.00000000) *
             13) V7>=3.5 7    2 malignant (0.28571429 0.71428571) *
            7) V3>=2.5 247   23 malignant (0.09311741 0.90688259)
             14) V2< 4.5 70   18 malignant (0.25714286 0.74285714)
              28) V6< 2.5 14   4 benign (0.71428571 0.28571429) *
              29) V6>=2.5 56   8 malignant (0.14285714 0.85714286) *
             15) V2>=4.5 177   5 malignant (0.02824859 0.97175141) *
```

出力で、root が幹である。ここから、条件「V2<2.5」に応じて枝分かれしていく。「V2<2.5」のとき、「V6<5.5」かどうかでさらに枝分かれする。出力中「*」が付けられたノードは、終点（葉）である。これらの詳細は、**樹形図**（樹状図）を見ながら考察するとわかりやすい。

手順 2　樹形図の作成

樹形図を作成するには、関数 plot() を

　　　plot(モデル名)

の形でツリーモデルに適用する。この図にはラベルが付かないので、関数 **text(モデル名)** でテキスト情報を付加する必要がある。次のコマンドを R Console に入力すると図 5.10 の樹形図が表示される。

```
R Console
> plot(biopsy.rp, margin=0.1)     # ツリーの表示
> text(biopsy.rp, use.n=TRUE)     # ツリーにラベルを付与
```

なお上記では、「margin=数値」で図のマージン（余白）を調整している。ラベルがうまく表示されない場合、マージンを調整するとよい。「use.n=TRUE」（use.n=T でもよい）は、終点で benign と malignant の数を表示することを指定している。

上記の出力および図 5.10 より、class の判別に最も効果があるのは最初のノードで利用されている V2 である。「V2<2.5」のとき左に分かれ（この数が 429）、「V2>=2.5」のとき右に分かれる（270）。「V2<2.5」のとき、さらに V6 の条件により枝分かれする。「V6<5.5」のとき、サンプル数は 421、予測値は「benign：良性」である。実際には 421 の内 416 個が benign で、5 個が malignant である。ここで枝分かれが終わる。括弧内の数値は確率の推定値である。「V6>=5.5」のときも終点となり、予測値は「malignant：悪性」である。この終点に来た 8 個の内 1 個が malignant で、7 個が

5.4 ツリーモデル

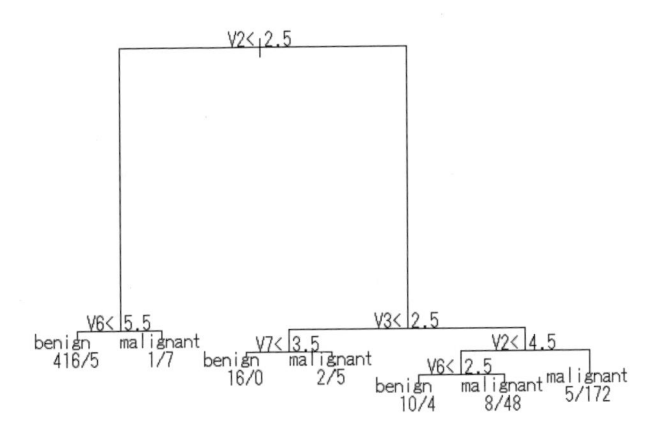

```
                          V2<|2.5


        V6<|5.5                    V3<|2.5
     benign  malignant        V7<|3.5         V6<|4.5
      416/5    1/7        benign            V6<|2.5   malignant
                           16/0    2/5    benign  malignant  5/172
                                          10/4    8/48
```

図 5.10　biopsy データの樹形図

benign である。

手順 3　枝の刈り取り

　複雑性の指標 cp（<u>c</u>omplexity <u>p</u>arameter）を用いて、ツリーの複雑性をコントロールすることができる。関数 **prune()** の中で、このパラメータを用いて木の枝を剪定（prune：刈り取り）することは、回帰分析における変数選択に対応する。これを行うには次のようにする。

　まず、cp の情報を表示する。これには、関数 plotcp() を用いて cp 値のグラフを描くか、関数 **printcp()** を用いて数値で表示する。次のコマンドを R Console に入力する。

```
── R Console ─────────────────────────────────
  > plotcp(biopsy.rp)       # cp のグラフを描く
  > printcp(biopsy.rp)      # cp のデータの表示

  Classification tree:
  rpart(formula = class ~ V1 + V2 + V3 + V4 + V5 + V6 + V7 + V8 +
      V9, data = biopsy)

  Variables actually used in tree construction:   # 樹形図の構成に
  [1] V2 V3 V6 V7                                 # 利用された変数

  Root node error: 241/699 = 0.34478

  n= 699

          CP nsplit rel error  xerror      xstd
```

```
1 0.780083    0    1.00000 1.00000 0.052142
2 0.053942    1    0.21992 0.24066 0.030261
3 0.024896    2    0.16598 0.17012 0.025778
4 0.012448    3    0.14108 0.17012 0.025778
5 0.010000    6    0.10373 0.17427 0.026071
```

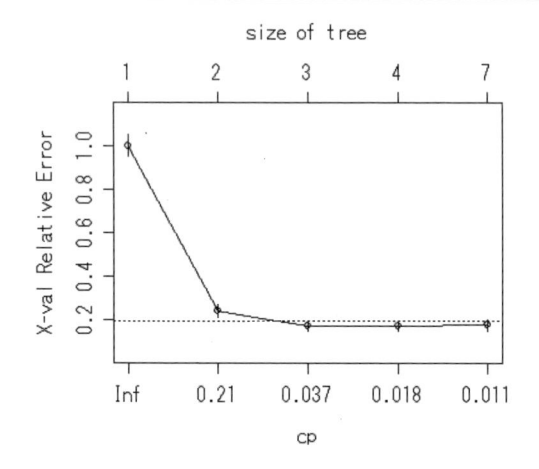

図 5.11　cp の表示

上記により、cp の図 5.11 および数値情報が表示される。数値による出力中、xerror は、いろいろな分岐数（nsplit）に対する交差検証法による予測誤差の推定値である。xerror が最小となるスプリットが最適であると判断できる[10]。しかしこれは、1 回の試行における最適点に過ぎない[11]。そのため、この値に 1 標準偏差分（右列にある xstd の値）を加えた「xerror + xstd」を考え、この値以下の最大の cp 値を用いてツリーを剪定する。今の場合、「xerror + xstd = 0.17012 + 0.025778 = 0.196」なので、xerror が 0.196 以下の nsplit は 3 であり、これに対応する cp 値は、0.025 である。

なお、図 5.11 中に横軸に平行な点線が描かれているが、これが +1 標準偏差に対応する値である。この値以下の、最大の cp 値（ツリーのサイズ）のツリーが最適であり、今の場合、「cp= 0.037」としてもよい。

手順 4　剪定したツリーの樹形図の作成

次のコマンドによりツリーを剪定し、樹形図を再度描くと、図 5.12 となる。なお、もう少し見栄えのよいポストスクリプト（postscript）版の樹形図（図 5.13）を関数

---

10) xerror が最小値に到達していないような場合、cp を調整して（小さく設定して）再度ツリーモデルを当てはめるとよい。デフォルトの cp 値は 0.01 なのでこれより小さく設定する。

11) 交差検証法では乱数を用いた計算を行うため、xerror, xstd の値はツリーモデルを推定するたびに異なる可能性がある。

post() を用いて描くこともできる。

```
R Console

> biopsy.rp1 = prune(biopsy.rp, cp=0.037)   # ツリーの剪定
> plot(biopsy.rp1,margin=0.1)                # 剪定した樹形図の表示
> text(biopsy.rp1,use.n=TRUE)
> post(biopsy.rp1,file="")                   # 樹形図のポストスクリプト表示
```

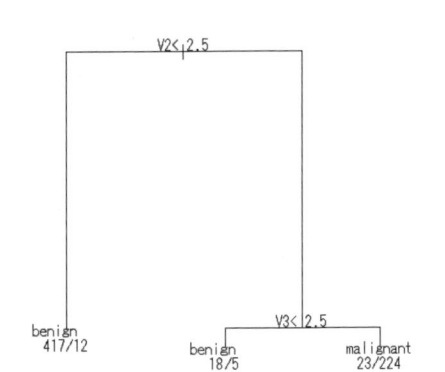

図 5.12　剪定後の樹形図　　　　図 5.13　ポストスクリプト版樹形図

説明変数が質的変数の場合

例題 5-4

説明変数が質的変数の場合を見る。例として、データセット titanic2 を用いる。このデータは、1912 年、氷山に衝突して沈没した豪華客船タイタニック号の乗客・乗員 2201 名に関するデータで、pclass（客室クラス；1st：1 等, 2nd：2 等, 3rd：3 等, crew: 乗組員）、age（年齢；child：子供, adult：大人）、sex（性別；male：男性, female：女性）、survived（1：生存、0：死亡）の 4 変数を持つ。

手順 1　データの読み込み

パッケージ **Hmisc** の関数 getHdata() を用いて、R の中からインターネットより直接ダウンロードして利用できる[12]。

```
R Console

> library(Hmisc)
> getHdata(titanic2)      # タイタニックデータの取得
```

---

12)　実際には、米ヴァンダービルト大学の生物統計学部のサイト：http://biostat.mc.vanderbilt.edu/twiki/bin/view/Main/DataSets よりダウンロードする。

第 5 章　2 値・多値データの回帰、ツリーモデル

```
> names(titanic2)           # 変数名の表示
[1] "pclass"    "age"       "sex"       "survived"
> summary(titanic2)
  pclass        age            sex            survived
 crew:885   child: 109    female: 470    Min.   :0.0000
 1st :325   adult:2092    male  :1731    1st Qu.:0.0000
 2nd :285                                Median :0.0000
 3rd :706                                Mean   :0.3230
                                         3rd Qu.:1.0000
                                         Max.   :1.0000
```

手順 2　ツリーモデルの当てはめ、および樹状図の作成

変数 survived を他の 3 変数で説明するツリーモデルを作成する（survived が数値変数となっていることに注意）。次のコマンドを R Console に入力する。

R Console

```
> library(rpart)      # 必要なら
> titanic.rp=rpart(factor(survived)~pclass+age+sex,data=titanic2)
                     # 関数 factor() を用いて、survived を因子に変換
> plot(titanic.rp,margin=0.1)
> text(titanic.rp, use.n=T)
> titanic.rp
n= 2201

node), split, n, loss, yval, (yprob)
      * denotes terminal node
 1) root 2201 711 0 (0.6769650 0.3230350)
   2) sex=male 1731 367 0 (0.7879838 0.2120162)
     4) age=adult 1667 338 0 (0.7972406 0.2027594) *
     5) age=child 64   29 0 (0.5468750 0.4531250)
      10) pclass=3rd 48  13 0 (0.7291667 0.2708333) *
      11) pclass=1st,2nd 16   0 1 (0.0000000 1.0000000) *
   3) sex=female 470 126 1 (0.2680851 0.7319149)
     6) pclass=3rd 196   90 0 (0.5408163 0.4591837) *
     7) pclass=crew,1st,2nd 274   20 1 (0.0729927 0.9270073) *
```

作成された樹形図を図 5.14 に示す。また、そのポストスクリプト版を図 5.15 に示す。標準の樹形図（図 5.14）では、変数が質的変数の場合、「sex=b」といったように分岐の条件で、因子の水準が a, b という形で記号に置き換えられて表示される。そのため、内容をきちんと読み取るためには、要約情報を確認する必要がある。これに対し、ポストスクリプト版（図 5.15）では、水準が具体的に表示される。

R Conosole の出力あるいは図より、生存に一番効いているのは性別である。男性の場合、年齢が次に効いており、子供の場合は客室クラスが 2 等以上かどうかで生存の

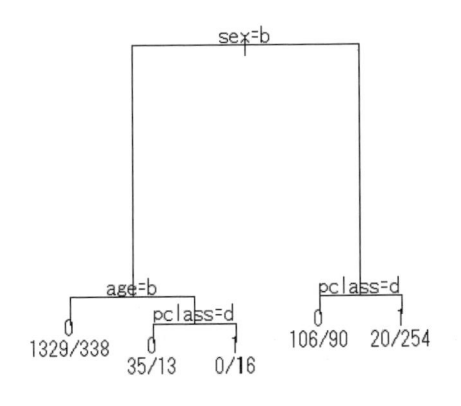

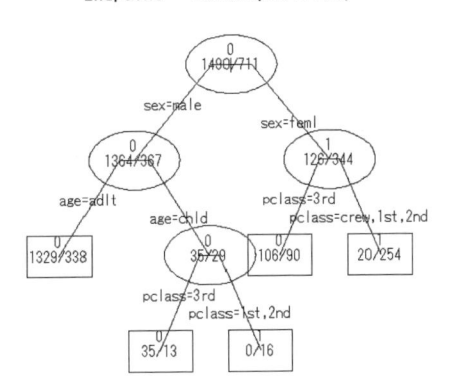

図 5.14 タイタニックデータの樹形図 1　　図 5.15 タイタニックデータの樹形図 2

可能性が異なることがわかる（子供の場合、客室クラスに crew はない）。女性の場合、次に効いているのは客室クラス（3 等か、それ以外）である。

練習問題 5-3

タイタニックデータのツリーモデルの剪定を行い、最適なモデルを作成せよ。

練習問題 5-4

ガラスの破片の計測データ（表 5.9 参照）から、そのガラスのタイプ（Type）を知りたい。計測データは、屈折率（RI）、ナトリウム量（Na）、マグネシウム量（Mg）等の 9 変数である。ガラスのタイプ（Type）は、ビルの窓（フロート製法）、ビルの窓（非フロート製法）他計 7 種類ある。このデータは、R のパッケージ **mda** にあるデータセット **glass** より利用可能である（パッケージ **mlbench** にも同じデータセット **Glass** がある）。

本データを用いて、Type を 9 つの変数で説明するツリーモデルを作成せよ。

表 5.9　ガラスデータ

No.	RI	Na	Mg	Al	Si	K	Ca	Ba	Fe	Type
1	1.52	13.64	4.49	1.10	71.78	0.06	8.75	0.00	0.00	1
2	1.52	13.89	3.60	1.36	72.73	0.48	7.83	0.00	0.00	1
3	1.52	13.53	3.55	1.54	72.99	0.39	7.78	0.00	0.00	1
4	1.52	13.21	3.69	1.29	72.61	0.57	8.22	0.00	0.00	1
5	1.52	13.27	3.62	1.24	73.08	0.55	8.07	0.00	0.00	1
6	1.52	12.79	3.61	1.62	72.97	0.64	8.07	0.00	0.26	1
⋮	⋮	⋮	⋮	⋮	⋮	⋮	⋮	⋮	⋮	⋮

第 6 章 その他の手法

本章では、R コマンダーのメニューには組み込まれていないが（一部は可能）、さまざまな分野で利用可能な諸手法の考え方および適用方法を見る。

6.1 判別分析

調査対象をいくつかのグループに分けることができるということが、あらかじめわかっているとする。**判別分析**（discriminant analysis）とは、新しいサンプルを得たとき、そのサンプルの属性データを用いて、それがどのグループに属するかを判断するための手法である。次のような場面で利用されている。

- 症状や検査データから病名を診断する。
- 企業の経営指標から、倒産を予測する。
- 申込者のデータからクレジットカード発行の可否を判断する。
- ダイレクトメールを送ったときに、レスポンスの高くなる顧客を識別する。
- 製造プロセスのデータから製品の適合・不適合を予測する。

こうした目的のためにはサンプルが持つ属性データから、新しいサンプルをグループに分類するための方式を定める必要がある。これにはどうすればよいだろうか。1 つの解答を与えたのがフィッシャー（R. A. Fisher）である。

フィッシャーは、サンプルが持つ属性（変数）$x_1, x_2, \ldots, x_p$ の **線形結合**

$$z = w_1 x_1 + w_2 x_2 + \cdots + w_p x_p \tag{6.1}$$

を考え、それを用いて判別（分類）する方法を提案した。この方法を **線形判別分析** という。これまで見てきたように、$\bm{w} = (w_1, w_2, \ldots, w_p)$ を $\bm{x} = (x_1, x_2, \ldots, x_p)$ の線形結合の **重み** といい、これを求める必要がある。このとき、グループ内のばらつき（群内変動）に対するグループ間のばらつき（群間変動）の比を考え、これが最大となるように重みを決定する。これは、群内変動を小さくするようにグループを分けると同時に群間変動を大きくすることに対応する（図 6.1 参照）。

一般的な形で表現すると次のようになる。群は m 群あり、それらを $g_1, g_2, \ldots, g_m$ とする。新たに、どの群に属するか未知のサンプルのデータ $\bm{x} = (x_1, x_2, \ldots, x_p)$ を得たとする。この $\bm{x}$ の値を用いて、サンプルが $g_1, g_2, \ldots, g_m$ のどれに属するかを判定するための関数 $f(\bm{x})$ を求めたい。この関数 $f(\bm{x})$ を **判別関数** という。フィッシャーの方法の場合、関数 $f(\bm{x})$ として $x_1, x_2, \ldots, x_p$ の線形結合を考えるので、この判別関数を特に、**線形判別関数** という。

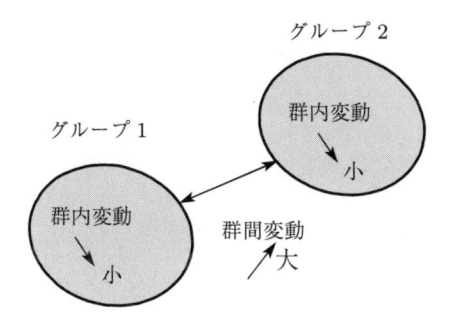

図 6.1　群内変動と群間変動のイメージ

表 6.1　群 g のデータ行列

No.	$x_{(g)1}$	$x_{(g)2}$	$\cdots$	$x_{(g)j}$	$\cdots$	$x_{(g)p}$
1	$x_{(g)11}$	$x_{(g)12}$	$\cdots$	$x_{(g)1j}$	$\cdots$	$x_{(g)1p}$
$\vdots$	$\vdots$	$\vdots$	$\ddots$	$\vdots$	$\ddots$	$\vdots$
i	$x_{(g)i1}$	$x_{(g)i2}$		$x_{(g)ij}$		$x_{(g)ip}$
$\vdots$	$\vdots$	$\vdots$	$\ddots$	$\vdots$	$\ddots$	$\vdots$
n	$x_{(g)n1}$	$x_{(g)n2}$	$\cdots$	$x_{(g)nj}$		$x_{(g)np}$

　実は別のアプローチからもフィッシャーと同じ結果を導くことができる。ここでは、最も簡単な場合を例に、その考え方を見てみよう。群は 2 群（グループ 1 とグループ 2）とし、各群の分布が正規分布と考えることができるとする。以下、第 g 群（$g=1,\ldots,m$）の第 i サンプル（$i=1,\ldots,n$）の第 j 変数（$j=1,\ldots,p$）のデータを $x_{(g)ij}$ と表すことにする[1]（表 6.1 参照）。

　また、データ $x_{(g)ij}$ について、g 群の第 j 変数の平均を、

$$\overline{x}_{(g)j} = \frac{x_{(g)1j} + \cdots + x_{(g)nj}}{n} = \frac{1}{n}\sum_{i=1}^{n} x_{(g)ij} \tag{6.2}$$

と表す。

6.1.1　1 変数を用いる判別（$p=1$）

　2 群の判別で、判別に用いる変数が 1 つ（x とする）の場合を考える。1 変数の代表的な分布として、正規分布がある。各群の母集団分布を、$N(\mu_1, \sigma_1^2), N(\mu_2, \sigma_2^2)$ とす

---
[1] 厳密には n を $n_{(g)}$ とすべきであるが、記法が面倒になるため簡単にしている。

る。そして、新しいサンプル値 x を得たとき、この値を持つサンプルがグループ 1 と 2 のどちらに属すると考えるべきかを判断したい。この状況を図に描くと、図 6.2 のようになる。

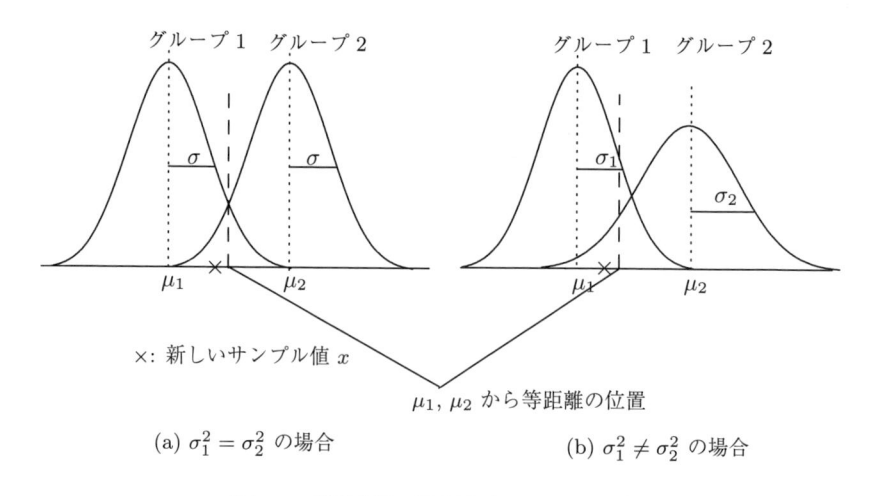

図 6.2 判別分析の概念図（ $p=1$ の場合）

図から、グループの分布を母平均で代表させ、サンプル値 x と各グループの平均との近さを測り、近い方に分類するとよいことが直感的にわかる。このとき、サンプル値と平均との距離を、$d_1 = |x - \mu_1|$, $d_2 = |x - \mu_2|$ で求めることはできない。なぜなら、分散の大きさが異なる可能性があるからである。そこで、各標準偏差 σ_1, σ_2 を用いて調整した距離として

$$d_1 = \frac{|x - \mu_1|}{\sigma_1}, \quad d_2 = \frac{|x - \mu_2|}{\sigma_2} \tag{6.3}$$

を用いる。母平均および母分散は未知であるが、これらの推定値として $\widehat{\mu}_1 = \overline{x}_{(1)}, \widehat{\mu}_2 = \overline{x}_{(2)}$ を、母分散の推定値として $\widehat{\sigma}_1 = s_1, \widehat{\sigma}_2 = s_2$ を用いる。つまり、

$$d_1 = \frac{|x - \overline{x}_{(1)}|}{s_1}, \quad d_2 = \frac{|x - \overline{x}_{(2)}|}{s_2} \tag{6.4}$$

を考え、

$$\begin{cases} d_1^2 < d_2^2 & \text{のとき、グループ 1} \\ d_1^2 > d_2^2 & \text{のとき、グループ 2} \end{cases} \tag{6.5}$$

と判別する。ただし、分散が等しい（ $\sigma_1^2 = \sigma_2^2 = \sigma^2$ ）という情報がある場合は、合併した（プールした）データで共通の分散 σ^2 を推定する。

発想を逆転させ、次のように考えることもできる。平均 $\bar{x}_{(1)}, \bar{x}_{(2)}$ から等距離の位置（境界値）をあらかじめ設定しておき、サンプル値 x がその値より大きいか小さいかで、グループ 1 かグループ 2 に判別するのである。

6.1.2　2 変数を用いる判別（$p=2$）

判別に用いる変数が 2 つ（x_1, x_2）の場合を考える。2 変数の代表的な分布として、**2 次元正規分布** がある。各群の母集団分布を、$N(\mu_1, \Sigma_1), N(\mu_2, \Sigma_2)$ とする。μ_i を平均ベクトル、Σ_i を分散・共分散行列という。

問題は、新しいサンプルの変数の値 $x = (x_1, x_2)$ を得たとき、このサンプルがグループ 1, 2 のいずれに属すると考えるべきかを判断することである。実際には母数 $\{\mu_1, \Sigma_1, \mu_2, \Sigma_2\}$ の値はわからないので、データから推定する必要がある。ここでも、次の 2 つの可能性が考えられる。

(a) $\Sigma_1 = \Sigma_2 (= \Sigma)$ の場合
(b) $\Sigma_1 \neq \Sigma_2$ の場合

これら (a), (b) の状況を図に描くと図 6.3 のようになる。

(a) $\Sigma_1 = \Sigma_2$ の場合　　　　(b) $\Sigma_1 \neq \Sigma_2$ の場合

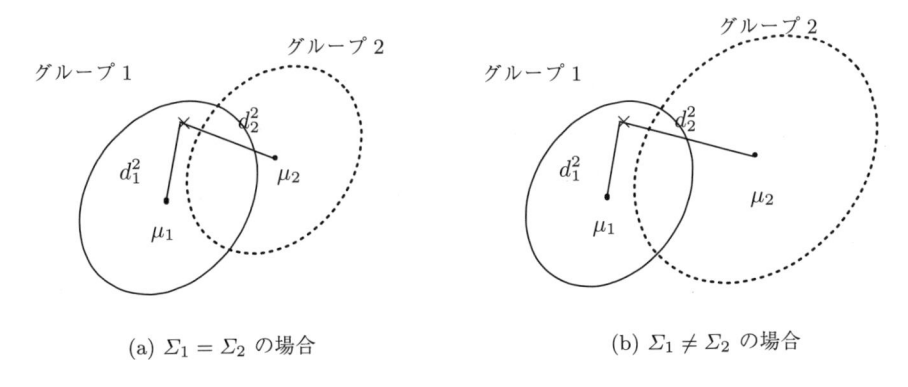

図 **6.3**　判別分析の概念図（**2 変数**）

ここでも、各分布をその中心 μ_i で代表させ、これとサンプル値 $x = (x_1, x_2)$ との距離を測る。これに、式 (6.6) の**マハラノビスの距離**（d_i^2）

$$d_i^2 = (x - \mu_i)' \Sigma_i^{-1} (x - \mu_i) \tag{6.6}$$

を利用する。すると、

$$\begin{cases} d_1^2 < d_2^2 & \text{のとき、グループ 1} \\ d_1^2 > d_2^2 & \text{のとき、グループ 2} \end{cases} \tag{6.7}$$

と分類することになる。実際には式 (6.6) の母数の値は未知なので、

$$\widehat{\mu}_1 = \overline{x}_{(1)} = (\overline{x}_{(1)1}, \overline{x}_{(1)2})$$
$$\widehat{\mu}_2 = \overline{x}_{(2)} = (\overline{x}_{(2)1}, \overline{x}_{(2)2})$$

を代わりに用い、$\Sigma_1 = \Sigma_2 (= \Sigma)$ のときは、プールした分散・共分散行列の推定値 S を、$\Sigma_1 \neq \Sigma_2$ のときは[2]、S_1, S_2 を利用して計算する。

線形判別分析はこうした考え方に基づいて構成されている。

6.1.3 判別方式の良さの評価

判別方式の良さを評価する方法を考えよう。1 つの方法は、**誤判別率** を利用するものである。通常、表 6.2 のような **判別表** を作成する。

表 6.2 判別表

判別結果 \ 実際	グループ 1	グループ 2	計
グループ 1	a	b	$a+b$
グループ 2	c	d	$c+d$
計	$a+c$	$b+d$	n

表 6.2 で、実際はグループ 1 のサンプルをグループ 2 に判別したり（その個数 c）、2 のサンプルを 1 に判別したりしている（その個数 b）のが誤判別である。誤判別の割合は、

$$誤判別率 = \frac{b+c}{n} \times 100 (\%) \tag{6.8}$$

で推定することができる。

交差検証法（cross-validation）を用いて誤判別率を推定することもできる。この方法は、1 つのデータを抜き取っておき[3]、残りのデータを用いて作成した判別方式によりこのデータを判別する。これを全データに対して適用し、誤判別率を予測するものである。交差検証法では、予測されるデータがモデルの作成に利用されないため、予測の精度をより良く推定することが期待できる。

誤判別率を理論的に求めることもある。これはデータからモデルを推定し、そのモデルに基づいて誤判別率を推定するものである。例えば、図 6.2(a) の場合、誤判別の確率は、図 6.4 のように正規分布の性質を利用して推定することができる。

---

[2] このときは線形判別方式にならないので、ここでは扱わない。
[3] 複数個抜き取ることもある。

6.1 判別分析

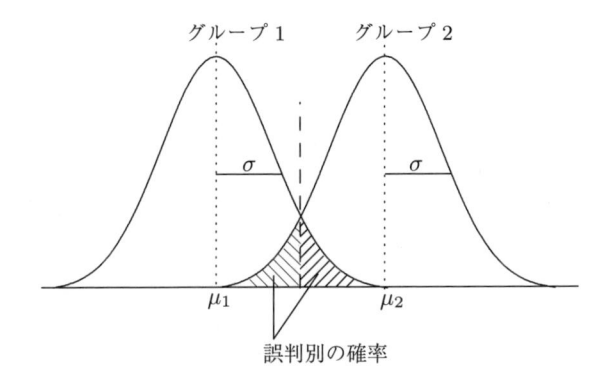

図 6.4 モデルを用いた誤判別確率の推定

6.1.4 例題

例題 6-1

あやめデータで、versicolor と virginica の 2 種を取り出したデータを用いて、判別分析の手順を見る。目的は、Sepal.Length、Sepal.Width、Petal.Length、Petal.Width の 4 つの変数のデータを用いて、Species を判別することにある（データの詳細は 5.1 節、116 ページ参照）。

判別分析の手順

[解] **手順 1** データの読み込み

《データ》▶《データのインポート》▶《テキストファイルまたはクリップボードから》を選択する。[データセットを表示]をクリックし、データを確認しておく。

手順 2 散布図行列

《グラフ》▶《散布図行列》で、サンプル番号以外の変数を全て選択する。

[層別のプロット]より、「層別変数」を「Species」に指定して[OK]。図 6.5 に示す層別の散布図行列が表示される。

散布図行列の対角部分より、Petal.Width の分布は 2 山型に近い。よって、これを用いると、判別の効率がよくなると期待できる。散布図より、点は 2 つのグループに分かれて分布していることがわかる。Petal.Length と Petal.Width 等の変数をうまく組み合わせると、グループの分離を強くできるように思われる。

手順 3 詳細な分析

1 変数、2 変数としての分析を詳細に行う。1 変数の分析として、Species で層別し

149

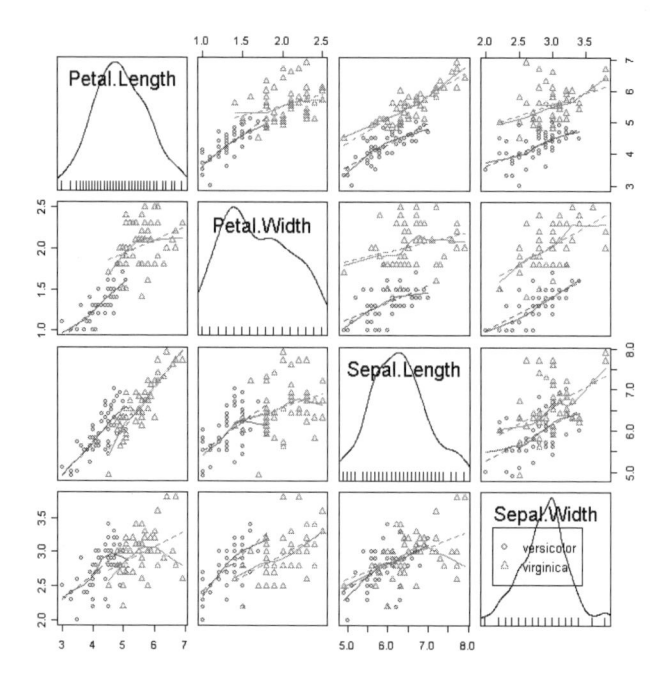

図 6.5　層別の散布図行列

た箱ひげ図を作成してみる。

層別の箱ひげ図

《グラフ》▶《箱ひげ図》より、層別変数を「Species」として層別の箱ひげ図を作成する。作成した箱ひげ図を図 6.6 に示す。Petal.Length の箱ひげ図は Species により大きく分離されている。

層別の散布図

散布図を詳細に見る。特に、散布図行列で観察された 2 つのグループがあやめの種に対応するものかどうかをチェックする。

《グラフ》▶《散布図》を選択する。「x 変数」に「Petal.Length」を、「y 変数」に「Petal.Width」を選択する。次に、 層別のプロット をクリックして、層別変数に「Species」を指定し、 OK 。層別の散布図（図 6.7）が表示される。散布図より、2 つのグループは種によるものであることがわかる。

手順 4　数値による要約

《統計量》▶《要約》▶《数値による要約》を選択し、1 変数の基本的な統計量を表示する。さらに、数値による要約を層別して実行する。

6.1 判別分析

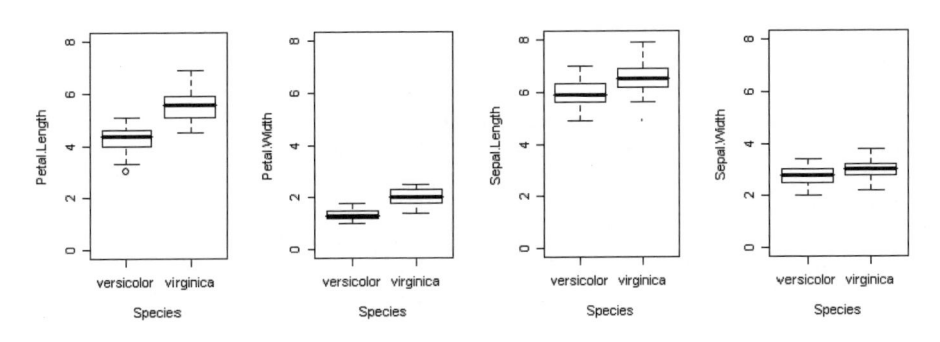

図 6.6 層別の箱ひげ図

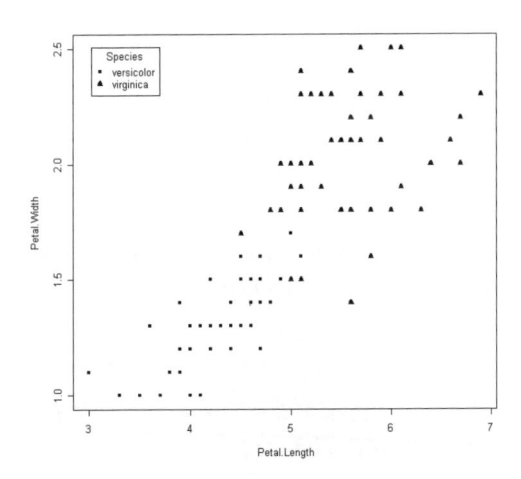

図 6.7 層別の散布図

---[出力ウィンドウ] 数値による要約 – 層別---

```
> numSummary(Dataset[,c("Petal.Length","Petal.Width","Sepal.Length",
"Sepal.Width")], groups=Dataset$Species, statistics=c("mean","sd","quantiles"))


Variable: Petal.Length
            mean        sd  0%  25%  50%   75% 100%  n
versicolor 4.260 0.4699110 3.0 4.0 4.35 4.600  5.1 50
virginica  5.552 0.5518947 4.5 5.1 5.55 5.875  6.9 50

Variable: Petal.Width
            mean        sd  0% 25% 50% 75% 100%  n
versicolor 1.326 0.1977527 1.0 1.2 1.3 1.5  1.8 50
virginica  2.026 0.2746501 1.4 1.8 2.0 2.3  2.5 50
```

```
Variable: Sepal.Length
            mean    sd        0%  25%   50% 75%  100%  n
versicolor  5.936  0.5161711  4.9 5.600 5.9 6.3  7.0   50
virginica   6.588  0.6358796  4.9 6.225 6.5 6.9  7.9   50

Variable: Sepal.Width
            mean    sd        0%  25%   50%  75%   100%  n
versicolor  2.770  0.3137983  2.0 2.525 2.8  3.000 3.4   50
virginica   2.974  0.3224966  2.2 2.800 3.0  3.175 3.8   50
```

手順5 判別分析

(1) 判別式

　これまでの予備的な分析より、Petal.Length と Petal.Width の 2 つの変数を使って判別すればよいことが予想できる。次に、判別分析の一般的な手順により判別を行う。なお、R コマンダーには判別分析のメニューは用意されていないので、R Console にコマンドを入力して実行する。

　線形判別分析（linear discriminant analysis）を実行する R の関数として、パッケージ **MASS** に **lda()** がある。この関数の利用法は、

　　lda(モデル式, 利用データセット名)

であり、モデル式は

　　目的変数 ~ 説明変数1 ＋ 説明変数2 ＋ ⋯ ＋ 説明変数 p

と指定する。次のコマンドを R Console に入力する。

```
R Console

> library(MASS)         # 必要なら
> iris.lda = lda(Species ~ Sepal.Width + Sepal.Length + Petal.Width +
                           Petal.Length,Dataset)
> iris.lda
Call:
lda(Species ~ Sepal.Width + Sepal.Length + Petal.Width + Petal.Length,
    data = Dataset)

Prior probabilities of groups:
versicolor  virginica
     0.5        0.5

Group means:
            Sepal.Width Sepal.Length Petal.Width Petal.Length
versicolor     2.770       5.936        1.326       4.260
virginica      2.974       6.588        2.026       5.552
```

```
Coefficients of linear discriminants:
                   LD1
Sepal.Width  -1.4794287
Sepal.Length -0.9431178
Petal.Width   3.2847304
Petal.Length  1.8484510
```

(2) 予測

この判別方式により予測値を求めるには、R Console に次を入力する。関数 predict() を用いて予測した結果を、iris.predict という名前をつけて保存し、その class（予測値）を iris.predict$class で表示している。

```
R Console
> iris.predict = predict(iris.lda)
> iris.predict$class
   [1] versicolor versicolor versicolor versicolor versicolor versicolor
   [7] versicolor versicolor versicolor versicolor versicolor versicolor
 . . . .
  [97] virginica  virginica  virginica  virginica
Levels: versicolor virginica
```

(3) 誤判別率−1

判別表を作成し、判別率（%）を求めるには次のコマンドを利用する。

```
R Console
> tab=table(iris.predict$class, Dataset$Species)
> tab
            versicolor virginica
  versicolor     48         1
  virginica       2        49
> (tab[1,1]+tab[2,2])/sum(tab)*100
[1] 97
```

予測値（iris.predict$class）とデータ（Dataset$Species）との分割表を、関数 **table()** を用いて作成している。分割表より、誤判別が 3 %生じている。

(4) 誤判別率−2

交差検証法による誤判別率の推定を行う。次のコマンドを R Console に入力する。関数 lda() でオプション「CV=T」[4]により、交差検証法を指定している。やはり誤判別が 3 %生じている。

---

4) cross-validation=TRUE の意。

第 6 章　その他の手法

```
R Console

> iris.cv.lda = lda(Species ~ Sepal.Width + Sepal.Length + Petal.Width
                + Petal.Length, Dataset, CV=T)
> tab = table(iris.cv.lda$class, Dataset$Species)
> tab

             versicolor virginica
  versicolor         48         1
  virginica           2        49
> (tab[1,1]+tab[2,2])/sum(tab)*100
[1] 97
```

練習問題 6-1

2 つの変数 Sepal.Length と Petal.Length のみを用いて判別し、このときの誤判別率を推定せよ。また、交差検証法により誤判別率を推定せよ。

練習問題 6-2

あやめデータで、種（Species）を setosa, versicolor, virginica の 3 種に判別する判別方式を求めよ（関数 lda() は 3 値以上に対しても適用可能）。

6.2　クラスター分析

クラスター分析 は、データをその（非）類似度により、似ているものをまとめていき、いくつかのグループ（クラスター）に分類する手法である。クラスター分析は分類の形式から、階層的な方法と非階層的な方法に分けられる。

階層的クラスタリング は、1 つひとつのデータを類似性に基づき順次まとめていく。データ間の類似性が階層的に、系統的にまとめられていき、その様子は **デンドログラム（樹形図）** に表される（図 6.8 参照）。この方法では事前にクラスター数を決めておく必要はないが（分析後に、デンドログラムをどのレベルで切断するか判断する必要は生じる）、データ数が多くなるにつれ、計算量が膨大となる欠点を持っている。

一方、**非階層的クラスタリング** は、あらかじめクラスターの数を決め、その制約下で最適なクラスターを探す方法である。階層構造は持たない、似たものをくくったグループ分けが示される。クラスター数を決めるための客観的な基準がない点は問題であるが、探索にかかる時間は短く、計算量が抑えられるため、大規模データを分析す

る際に有用である。

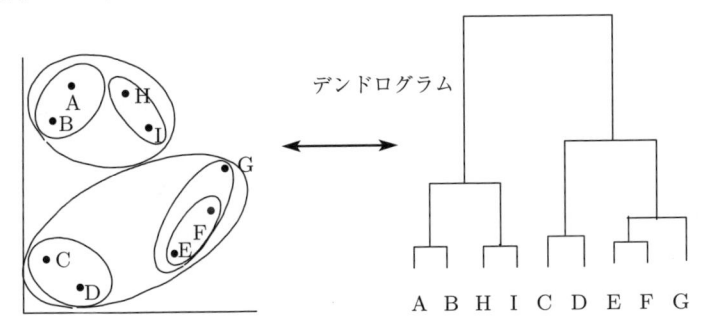

図 6.8　階層的クラスタリングのイメージ

6.2.1　階層的クラスタリング

階層的クラスタリングでは、次のような手順でクラスタリングを行っていく。

n 個のデータがあるとき、まず、1 個の個体からなる n 個のクラスターがあると考える。次に、任意の 2 つのクラスターの類似度を測り、もっとも似ているクラスターをまとめていく。この手順を、すべてのデータがひとつのクラスターにまとめられるまで繰り返す。クラスターが形成されていく過程は、デンドログラムで示される。

分析の結果、異なるクラスターは互いに似ておらず、それぞれのクラスター内の要素は密接に関連し合う形になることが望ましい。このため、クラスター分析では、各個体についての（非）類似性が適切に定義されていなくてはならない。

各個体に関する類似度としては、相関係数や、距離が近いほど類似度が高いと考えられることから、例えば、次のような距離の概念が用いられる（R コマンダーでは「距離の測度」と表記）。

- ユークリッド距離
- ユークリッド平方距離
- マンハッタン距離（市街地距離）

また、2 つのクラスター間の距離の定義には、例えば、次のような概念が提唱されている（R コマンダーでは「クラスタリングの方法」と表記）。

- ウォード（Ward）法：クラスター内平方和を最小にする形でクラスタリングする方法
- 単連結法（最短距離法）：2 つのクラスターの最も近い個体間の距離
- 完全連結法（最長距離法）：2 つのクラスターの最も遠い個体間の距離
- 群平均法：2 つのクラスター間の全てのペアの距離の平均

- McQuitty法：2つのクラスター間の全てのペアの距離の重み付き平均
- メディアン法：重心を求める際に各クラスターに同じ重みを与える
- 重心法：2つのクラスターの重心間の距離

それぞれの方法には特徴があり、場面により一長一短がある。例えば、最短距離法は外れ値の影響を受けやすく、一方向に長い鎖状のクラスターを作るチェーン効果を起こしやすい。最長距離法は球形のクラスターに対して最適である。重心法はクラスター間の距離やデンドログラムの反転現象といった問題を生じることがある。このため、いずれの方法がよいとは一概に言えないが、ウォード法は楕円形のクラスターに対して分類感度が高く、解釈の際、意味を見いだしやすい結果が導かれることが知られている。

例題 6-2

例題 6-1 のあやめデータを用いて、階層的クラスタリングの手順を見る。Sepal.Length, Sepal.Width, Petal.Length, Petal.Width の 4 変数を用いて、データを分類する。サンプルは versicolor と virginica の 2 種それぞれに 50 個ある（$n=100$）。

階層的クラスタリングの手順

[解] **手順 1** データを読み込む。

手順 2 階層的クラスター分析を行い、デンドログラムを出力する。

《統計量》▶《次元解析》▶《クラスタ分析》▶《階層的クラスタ分析》を選択する。階層的クラスタリングのダイアログボックスが表示されるので（図 6.9）、Sepal.Length、Sepal.Width、Petal.Length、Petal.Width の 4 変数を選択する。他に標準で、距離の測度に「ユークリッド距離」が、クラスタリングの方法に「ウォード法」が選ばれており、「デンドログラムを描く」にチェックがついている（図 6.9 参照）。通常はこのまま分析を進めればよい。[OK]をクリックすると、図 6.10 に示すデンドログラムが出力される。

階層的方法では、あらかじめクラスター数を決めておく必要はない。しかし、完成したデンドログラムをどのレベルで切るかという問題は残っている。というのは、デンドログラムは、必ず最終的にはすべての個体が一つのクラスターにまとめられた形になるため、デンドログラムを適当な高さで切断することで初めて、個々のデータをいくつかのカテゴリに分類することができるからである。デンドログラムをどの高さで切るべきかについては、その分野で得られている先験的な知識を利用したり、デンドログラムの次の分岐までが長いところで切る等の方法が考えられる。

このデンドログラムでは、大きく 2 つのクラスターに分類されることがわかる。こ

れは、versicolor と virginica の 2 つの種に対応していると思われる。

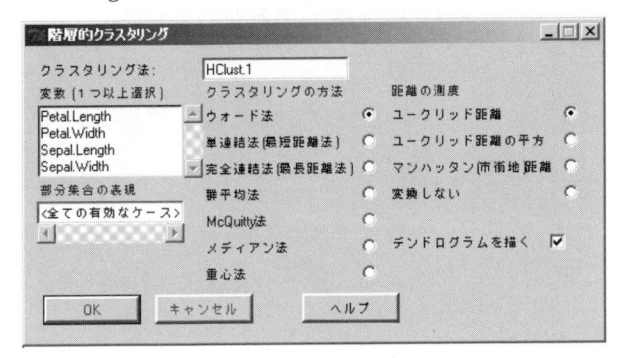

図 6.9 階層的クラスタリングのダイアログボックス

手順 3 階層的クラスタリング分析結果の要約を行う。

《統計量》▶《次元解析》▶《クラスタ分析》▶《階層的クラスタリングの要約》を選択する（図 6.11）。開かれたダイアログボックスの「クラスタリング解の1つを選択」欄には、直前に分析したクラスタリングモデルが選択されているので、適宜、要約を行いたいモデルを選択する。クラスター数を結果に応じて指定する（ここでは 2）。出力ウィンドウに表示される要約情報から、第 1 クラスターは 64 個の、第 2 クラスターは 36 個の個体から構成されていることがわかる。

作成されたバイプロット（図 6.12）は、後述する非階層的クラスタリングの出力結果とよく似ているが、要約を見ると、それぞれのクラスターへの分類数が若干異なることがわかる。これは分類を間違っているからである。なお、INDICIES はクラスター番号であり、INDICIES: 1 の Petal.Length の数値は、クラスター 1 に属するサンプルの Petal.length の平均値である。

```
─ ［出力ウィンドウ］階層的クラスタリングの出力 ─────────────
> summary(as.factor(cutree(HClust.1, k = 2))) # Cluster Sizes
 1  2
64 36

> by(model.matrix(~-1 + Petal.Length + Petal.Width + Sepal.Length + Sepal.Width,
    Dataset), as.factor(cutree(HClust.1, k = 2)), mean)  # Cluster Centroids
INDICES: 1
Petal.Length  Petal.Width Sepal.Length  Sepal.Width
    4.410938     1.439062     5.929688     2.757813
-------------------------------------------------------------
INDICES: 2
Petal.Length  Petal.Width Sepal.Length  Sepal.Width
    5.786111     2.097222     6.852778     3.075000
```

Cluster Dendrogram for Solution HClust.1

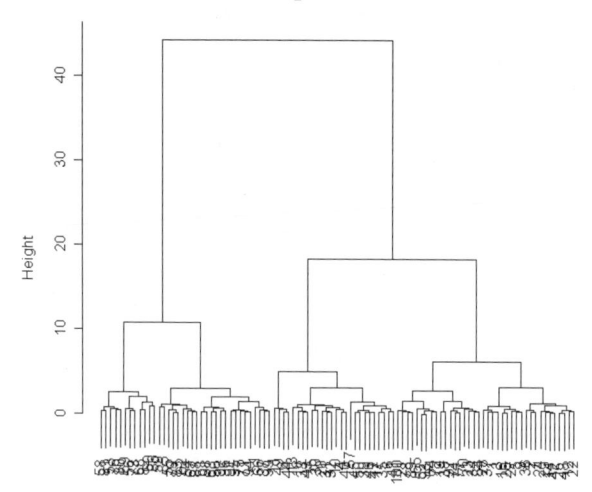

Observation Number in Data Set Dataset
Method=ward; Distance=euclidian

図 6.10　出力されたデンドログラム

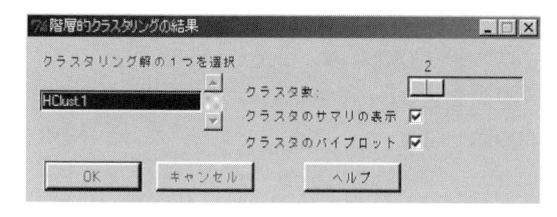

図 6.11　階層的クラスタリングの要約のダイアログボックス

手順 4　階層的クラスタリングの分類結果を保存する。

《統計量》▶《次元解析》▶《クラスタ分析》▶《階層的クラスタリングの結果をデータセットに保存》を選択すれば（図 6.13）、クラスター番号を保存できる。データセットを表示をクリックすると、保存された内容をチェックできる（変数名は「hclus.label」）。

R Console に次のコマンドを入力すると、判別表を表示することができる[5]。

---

5)　R コマンダーの《統計量》▶《分割表》▶《2 元表》で、行の変数に「Species」、列の変数に「hclus.label」を指定して OK でもよい。

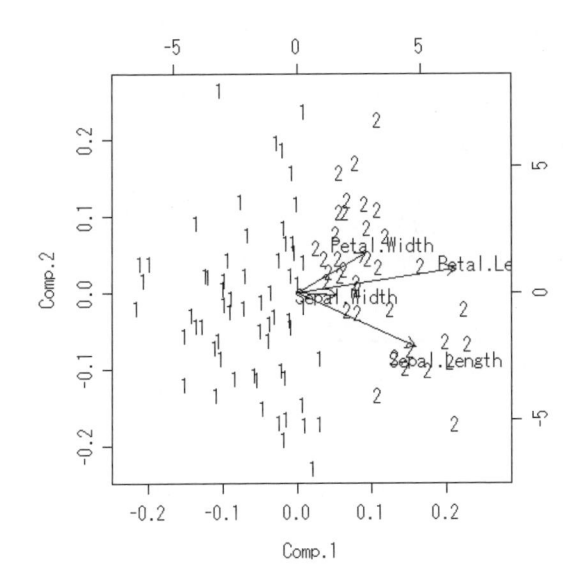

図 6.12 バイプロット

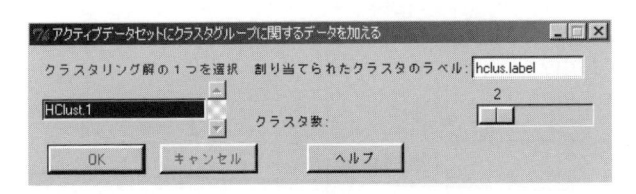

図 6.13 階層的クラスタリングの結果の保存のダイアログボックス

```
┌─ R Console ─────────────────────────────────────────────
│ > table(Dataset$Species,Dataset$hclus.label,deparse.level=2)  # 分割表の作成
│             # 簡単に、table(Dataset$Species,Dataset$hclus.label) でもよい
│                 Dataset$hclus.label
│ Dataset$Species  1  2
│       versicolor 50  0
│       virginica  14 36
└─────────────────────────────────────────────────────────
```

これより、versicolor は全て正しく分類されているが、virginica は 50 個中 14 個が誤って分類されていることがわかる。

なお、**データセット名$変数名** により、データセット内の特定の変数のデータを取り出すことができる（詳細は、付録 A.2.3、184 ページ参照）。上記では、Dataset$Species

と Dataset$hclus.label との分割表を、関数 **table()** を利用して作成している。

例題 6-3

　世界の大企業に関する 2004 年のデータセット Forbes2000（100 ページ参照）より、日本のビジネスサプライ用品（Business supplies）を扱う企業 15 社を取り出したデータを用いて、階層的クラスタリングを行う。profits（利潤）、assets（資産）、marketvalue（市場価値）と sales（売り上げ）の 4 つの変数により、企業を分類する。

階層的クラスタリングの手順

[解] **手順 1**　データを読み込む。

手順 2　データのグラフ化と予備的考察。

　《グラフ》▶《散布図行列》を選択し、rank 以外の 4 つの計量変数 sales, profits, assets, marketvalue を選ぶ。散布図行列（図 6.14）が得られる。また、《統計量》▶《要約》▶《相関行列》で同じ 4 変数を選択すると、出力ウィンドウに相関係数行列が出力される。

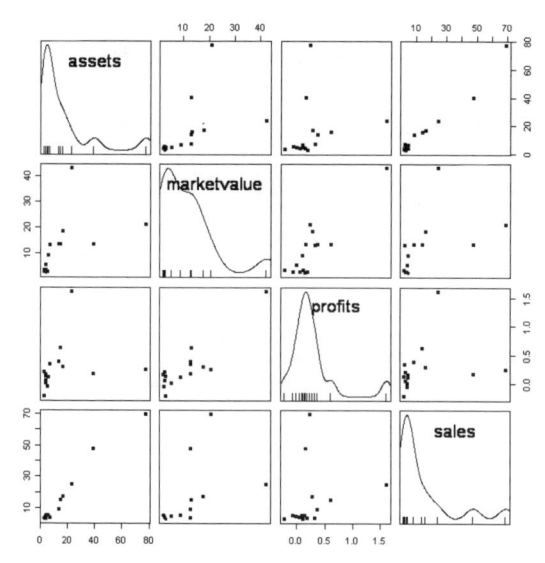

図 6.14　日本企業（ビジネス機器）の散布図行列

[出力ウィンドウ] 相関行列の出力

```
            assets marketvalue    profits      sales
assets   1.0000000   0.5210911  0.2214455  0.9848509
```

```
marketvalue 0.5210911   1.0000000 0.8894824 0.5248222
profits     0.2214455   0.8894824 1.0000000 0.2332758
sales       0.9848509   0.5248222 0.2332758 1.0000000
```

結果より、marketvalue と profits の、また sales と assets との関連が強いことがわかる。そこで、marketvalue（市場価値）と sales（売り上げ）の 2 つの変数を取り上げ、データを分類していくことにする。

手順 3 階層的クラスター分析を行い、デンドログラムを出力する。

《統計量》▶《次元解析》▶《クラスタ分析》▶《階層的クラスタ分析》を選択する。階層的クラスタリングのダイアログボックスで、marketvalue と sales の 2 変数を選択し、OK。デンドログラム（図 6.15）が出力される[6]。

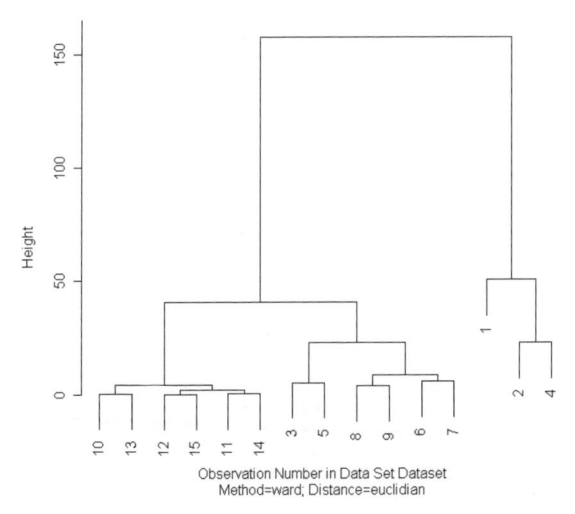

図 **6.15** 日本企業（ビジネス機器）のデンドログラム

手順 4 階層的クラスタリング分析結果の要約を行う。

《統計量》▶《次元解析》▶《クラスタ分析》▶《階層的クラスタリングの要約》で、クラスター数を 4 と指定すると、要約情報とバイプロット（図 6.16）が表示される。4 つのクラスターは、売り上げはそこそこだが市場価値の非常に高い 1 社、売り上げが多く市場価値も高い 2 社、売り上げ、市場価値ともそこそこの 6 社、売り上げ、市

---

[6] 企業名は、
　1: Canon, 2: Hitachi, 3: Ricoh, 4: Toshiba, 5: Sharp, 6: Kyocera,
　7: Murata Manufacturing, 8: TDK, 9: Omron, 10: Alps Electric,
　11: Brother Inds, 12: Nippon Electric Glass, 13: Oki Electric Industry,
　14: Casio Computer, 15: Yokogawa Electric
である。なお、企業名はデータファイルで使われているものである。

第 6 章 その他の手法

場価値とも相対的に見て低い 6 社に分類されている。

---[出力ウィンドウ] 階層的クラスタリングの出力---
```
> summary(as.factor(cutree(HClust.1, k = 4))) # Cluster Sizes
1 2 3 4
1 2 6 6

> by(model.matrix(~-1 + marketvalue + sales, Dataset), as.factor
(cutree(HClust.1, k = 4)), mean) # Cluster Centroids
INDICES: 1
marketvalue      sales
      42.84     24.76
------------------------------------------------------------
INDICES: 2
marketvalue      sales
     17.180    58.575
------------------------------------------------------------
INDICES: 3
marketvalue      sales
   12.09833   8.95500
------------------------------------------------------------
INDICES: 4
marketvalue      sales
    2.838333  3.798333
```

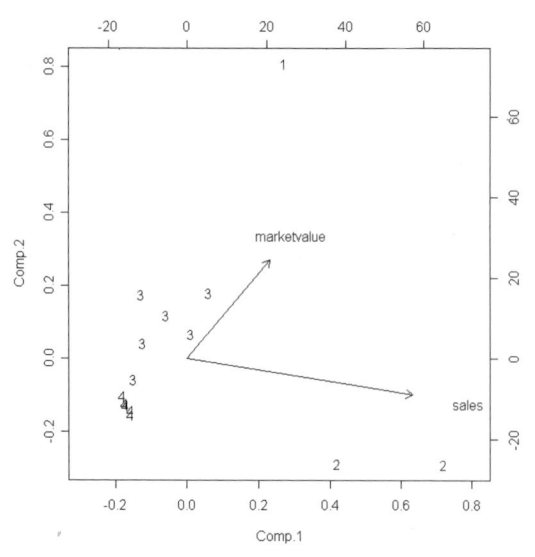

図 6.16　日本企業（ビジネス機器）のバイプロット−階層的クラスタリング

6.2.2 非階層的クラスタリング

非階層的クラスタリングには、k-平均クラスター分析（k-平均法）、自己組織化マップ（Kohonen ネットワーク）などがある。ここでは、代表的な k-平均クラスター分析の手法を見ていこう。その大まかな流れは下記の通りである。

1) 最初に、クラスター数（k）を決める
2) k 個のデータ点（シード点）をランダムに選ぶ
3) 各データを最も近いシード点に割り当て、k 個のクラスターを作る
4) 各クラスターの重心を新しいシード点と考える
5) 新しいシード点を用いて、クラスターを作り直す
6) クラスターが固定されるまで 4 と 5 の作業を繰り返す

例題 6-4

例題 6-1（149 ページ）と同じあやめデータを用いて、非階層的クラスタリングである k-平均クラスタリングの手順を見る。目的は、Sepal.Length、Sepal.Width、Petal.Length、Petal.Width の 4 つを用いてサンプルを分類することである。

非階層的クラスタリングの手順

[解] **手順 1** データを読み込む。

手順 2 k-平均クラスター分析を行い、各種グラフを出力する。

《統計量》▶《次元解析》▶《クラスタ分析》▶《k-平均クラスタ分析》を選択する。非階層的クラスタリングのダイアログボックスが表示されるので、Sepal.Length、Sepal.Width、Petal.Length、Petal.Width の 4 つの変数を選択し、クラスター数（ここでは 2）を指定して OK（図 6.17）。「シード初期値の数」、「最大繰り返し数」、「クラスタのサマリの表示」、「クラスタのバイプロット」は変更しなくてよい。

結果が出力ウィンドウとグラフィックウィンドウ（図 6.18）に表示される。出力中、関数 **KMeans()** が k-平均クラスタリングを行う関数である。

［出力ウィンドウ］k-平均クラスター分析の出力

```
> .cluster <- KMeans(model.matrix(~-1 + Petal.Length + Petal.Width
  + Sepal.Length + Sepal.Width, Dataset), centers = 2, iter.max = 10,
  num.seeds = 10)
> .cluster$size # Cluster Sizes    求められたクラスターの大きさ
[1] 62 38
> .cluster$centers # Cluster Centroids   # クラスターの重心（Centroids）
  new.x.Petal.Length new.x.Petal.Width new.x.Sepal.Length new.x.Sepal.Width
1           4.393548          1.433871           5.901613          2.748387
2           5.742105          2.071053           6.850000          3.073684
```

```
> .cluster$withinss # Within Cluster Sum of Squares      クラスター内平方和
[1] 39.82097 23.87947
> .cluster$tot.withinss # Total Within Sum of Squares    総クラスター内平方和
[1] 63.70044
> .cluster$betweenss # Between Cluster Sum of Squares    クラスター間平方和
[1] 76.09556
```

なお、関数 KMeans() では乱数を用いた計算を行うため、計算のたびに出力結果は異なる可能性がある。

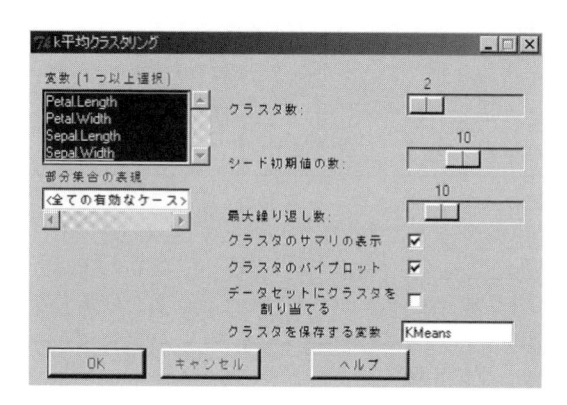

図 6.17 k-平均クラスター分析のダイアログボックス

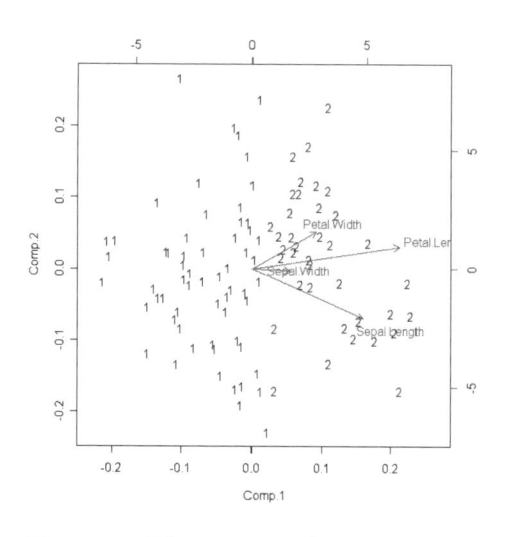

図 6.18 k-平均クラスター分析のバイプロット

6.2 クラスター分析

例題 6-5

例題 6-3 で用いたデータセット Forbes2000 から、日本の企業 316 社（27 業種）を取り出したデータについて、marketvalue と sales の 2 変数を用いて、非階層的クラスタリングを行う。クラスター数は 7 とする。

非階層的クラスタリングの手順

[解] **手順 1**　データを読み込む。

手順 2　k-平均クラスター分析を行い、各種グラフを出力する。

《統計量》▶《次元解析》▶《クラスタ分析》▶《k-平均クラスタ分析》を選択、marketvalue と sales の 2 変数を選び、クラスター数を 7 と指定する。出力ウィンドウに要約が、グラフィックウィンドウにバイプロット（図 6.19）が表示される。

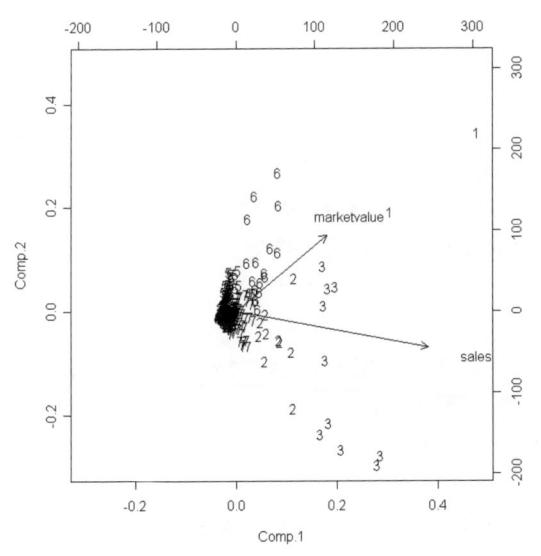

図 6.19　日本企業のバイプロット–k-平均クラスター分析

```
── ［出力ウィンドウ］k-平均クラスター分析の出力 ──────────────
> .cluster$size # Cluster Sizes
[1]   2  10  10 163  35  19  77

> .cluster$centers # Cluster Centroids
  new.x.marketvalue new.x.sales
1         94.200000  114.115000
2         11.633000   36.753000
3         21.810000   78.608000
4          2.159509    2.676626
```

```
5            9.912286    3.974857
6           24.298947   19.590000
7            5.296883   11.568571

> .cluster$withinss # Within Cluster Sum of Squares
[1] 1841.0941 1398.3296 5624.6444 1079.4454  377.7751 2523.9814 1693.0916

> .cluster$tot.withinss # Total Within Sum of Squares
[1] 14538.36

> .cluster$betweenss # Between Cluster Sum of Squares
[1] 115440.3
```

出力ウィンドウには、「Cluster Sizes」に7つのクラスターそれぞれに属する企業数が、また、「Cluster Centroids」に各クラスターの市場価値および売り上げの平均が表示されている。

6.2.3 モデルに基づく手法

ここまで見てきた階層的あるいは非階層的クラスタリングは、直感的で理解しやすい手法であるが、何らかの理論的背景に基づく手法ではなかった。これに対し、近年、**モデルに基づくクラスタリング**の手法が開発・拡張されてきている。

R に実装されている Fraley ら [31] のアプローチでは、次のような考え方に基づいてクラスタリングを行っていく。

- 母集団は c 個の部分母集団から構成され、それぞれがクラスターに対応していると考える。j 番目の部分母集団の密度関数を $f_j(\boldsymbol{x}, \boldsymbol{\theta}_j)$ とする。
- $\boldsymbol{x}_i$ が j 番目の部分母集団に属する場合、$\lambda_i = j$ とする形で部分母集団のラベル $\boldsymbol{\lambda}$ を考える。
- 尤度関数 $L(\boldsymbol{\theta}, \boldsymbol{\lambda})$ を最大とする $\boldsymbol{\theta}$ と $\boldsymbol{\lambda}$ を求める。最尤法の推定には EM アルゴリズムを、モデル選択にはベイズ情報量基準(BIC)を用いる。

分布に多変量正規分布を考え、分散・共分散の構造に制約を入れることにより、さまざまなモデルを考えることができる。この手法はまだ R コマンダーには組み込まれていないので、R Console から利用する手順を見ておこう。利用するパッケージは **mclust**(model-based clustering)である。

例題 6-6

例題 6-5 で用いた日本の 316 社の企業データについて、marketvalue と sales の 2 変数を用いて、モデルに基づくクラスタリングを行う。

モデルに基づくクラスタリングの手順

[解]**手順1** Rコマンダーで、データを読み込む。その際、データセット名を「japan」にしておく。

手順2 R Console に次のコマンドを入力し、パッケージ mclust を利用可能にする[7]。続いて、関数 **Mclust** を用いてモデルを推定する。BIC の値をグラフに表すと、図 6.20 になる[8]。

```
R Console

> library(mclust)
use of mclust requires a license agreement
see http://www.stat.washington.edu/mclust/license.txt
> japan.Mclust = Mclust(japan)    # Mclust 関数の結果を japan.Mclust に代入
> names(japan.Mclust)             # Japan.Mclust の内容を確認
 [1] "modelName"      "n"              "d"              "G"
 [5] "BIC"            "bic"            "loglik"         "parameters"
 [9] "z"              "classification" "uncertainty"
> plot(japan.Mclust, japan, what = "BIC")     # BIC の値をグラフに表示
```

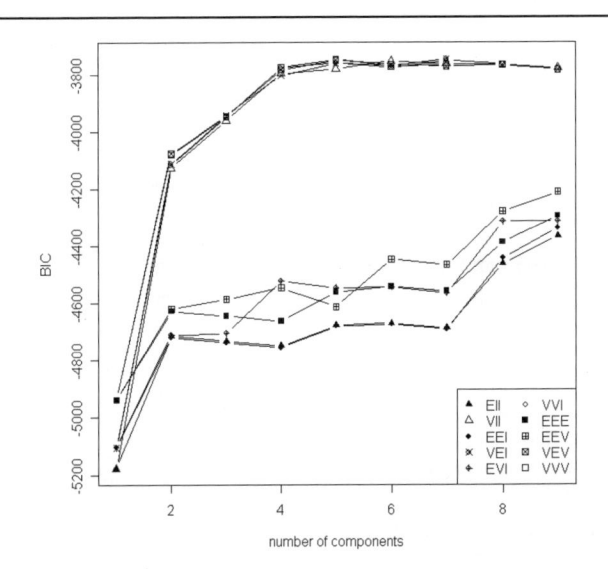

図 **6.20** モデルに基づくクラスタリングの出力結果（日本企業）

---

7) mclust を起動するとライセンス契約に関するメッセージが表示される。アカデミックまたは非営利での利用に関しては一定の条件のもとで利用可能である。詳細については http://www.stat.washington.edu/mclust/license.txt 参照。なお、商用利用に関しては、書面でのライセンス契約が必要。

8) 想定したモデル、クラスター数における BIC の値を求める関数 **EMclust()** を用いてもよい。R Console に **plot(EMclust(データ名))** と入力すると、図 6.20 が表示される。

分析対象とするデータに関して、図 6.20 右下の凡例に示されている 10 個のモデルが想定されている[9]。モデル名は 3 文字のアルファベットで記されており、1 文字目がクラスターの大きさについて[10]、2 文字目がクラスターの形状について[11]、3 文字目がクラスターの方向について[12]の特徴を表している。

関数 names() で表示された内容より、モデルにかかわるさまざまな情報を抽出することができる。図 6.20 では、いくつかのモデルの結果が似通っており、いずれのモデル・クラスター数の BIC が最大か、判断しづらい。このとき、次のように R Console に入力すると、最適なモデル名、最適なクラスター数、各モデル・クラスター数の BIC の値を出力できる。これより、VEI モデル（クラスターの体積・大きさは異なるが、形状と方向は同じと仮定するモデル）で、クラスターが 7 つのケースが最適（BIC が最大）であることがわかる[13]。

```
R Console

> japan.Mclust$modelName     # 最適なモデル名を表示
[1] "VEI"
> japan.Mclust$G             # 最適なクラスター数を表示
[1] 7
> japan.Mclust$BIC           # 各モデル、クラスター数の BIC を表示
       EII       VII       EEI       VEI       EVI       VVI       EEE
1 -5176.987 -5176.987 -5104.015 -5104.015 -5104.015 -5104.015 -4936.611
2 -4713.919 -4125.676 -4719.686 -4111.101 -4709.083 -4115.371 -4626.626
3 -4731.180 -3959.666 -4736.949 -3942.876 -4704.298 -3946.163 -4643.899
4 -4748.447 -3794.900 -4754.214 -3800.230 -4522.836 -3775.660 -4661.169
5 -4677.613 -3777.544 -4679.853 -3759.376 -4545.832 -3755.112 -4560.670
6 -4669.107 -3750.250 -4673.981 -3767.912 -4542.432 -3774.931 -4540.863
7 -4686.372 -3760.963 -4691.253 -3743.672 -4565.252 -3748.490 -4558.131
8 -4461.671        NA -4442.439        NA -4314.129 -3762.483 -4386.752
9 -4365.644 -3774.374 -4338.040        NA -4313.558 -3778.240 -4294.360
       EEV       VEV       VVV
1 -4936.611 -4936.611 -4936.611
2 -4618.512 -4074.894 -4079.274
3 -4584.330 -3945.187 -3946.760
....
```

---

9) 1 変数の場合は E または V の 2 モデルが想定される。
10) E はクラスターの大きさが同等（Equal）であることを、V は異なる（Vary）ことを示している。
11) E はクラスターの形状が同等であることを、V は異なることを示している。
12) I はクラスターの方向が同一（Identity）であることを、E は同等であることを、V は異なることを示している。
13) EMclust を用いる場合は、R Console に、**EMclust(データ名)** と入力すると、各ケースの BIC 値が表示される。

手順 3 各サンプルがどのクラスターに属するか[14]、各クラスターの特性を見るには、次のように R Console に入力する。例えば、$mean 欄に各クラスターの変数の平均値が示されている。

```
R Console

> japan.Mclust$classification      # 各データがどのクラスターに属するか
                                   # 1～7 がクラスタ番号
  [1] 6 2 6 6 6 1 4 4 4 4 4 4 4 4 4 4 5 4 4 5 5 5 5 5 5 5 5 5 5 5 5 5 5 5
 [35] 5 5 5 5 5 5 5 5 5 5 5 5 5 5 5 5 5 5 5 5 5 5 5 5 5 5 5 5 5 5 5 5 5 5
 [69] 5 6 2 6 2 6 6 1 1 1 4 4 4 4 4 4 4 4 6 6 3 3 3 1 4 3 3 3 7 7 1 4 4 4
 . . . .
> japan.Mclust$parameter           # 各クラスターのパラメータ推定結果
$Vinv
NULL

$pro
[1] 0.07834695 0.05647035 0.17434708 0.30655154 0.17014837
[6] 0.14980594 0.06432976

$mean
                 [,1]     [,2]     [,3]     [,4]     [,5]
sales        3.529632 69.68595 9.845799 3.192240 0.5789589
marketvalue  9.862979 29.44384 5.134054 3.209480 0.9377976
                 [,6]     [,7]
sales       18.41616 6.627963
marketvalue 13.53157 1.817935

$variance
$variance$modelName
[1] "VEI"
 . . . .
```

手順 4 R Console に次を入力すると、最適なモデル・クラスター数に基づいた、日本企業のクラスタリングの結果の散布図行列（図 6.21）が表示される。このデータでは、データを対数変換するとクラスタの状況がわかりやすくなる（図 6.22）。

```
R Console

> clPairs(japan,classification=japan.Mclust$classification)
> clPairs(log(japan),classification=japan.Mclust$classification)   # 対数変換
```

---

[14] 最適なモデルに基づく階層的クラスタリングを関数 **hc()** を用いて行い、その結果を関数 **hclass()** で処理しても同様の処理が可能だが、その場合、使用できるモデルは EII, VII, EEE, VVV の 4 つのみとなる。

第 6 章　その他の手法

手順 5　R Console に次のように入力すると、データおよびモデルに基づくクラスタリングの結果が図示される（図 6.23）。楕円の中心は推定された中心点、楕円の径は各クラスターの分散に基づいている。

```
R Console
> coordProj(japan, dimens=c(1,2), what="classification", classification=
    japan.Mclust$classification, parameters=japan.Mclust$parameters)
```

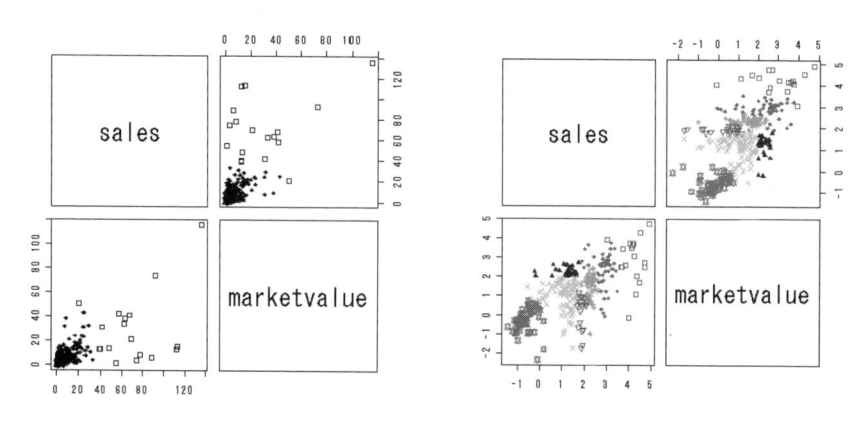

図 6.21　クラスタリングの散布図行列

図 6.22　対数変換の散布図行列

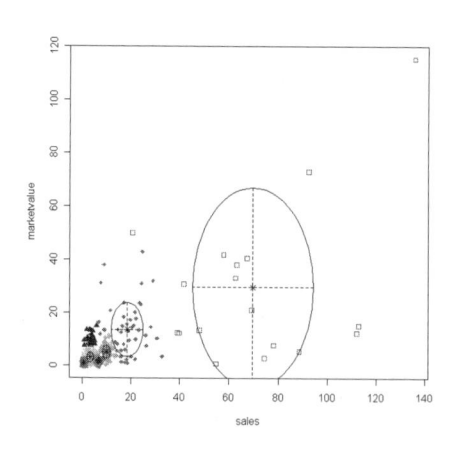

図 6.23　クラスタリングの結果

6.3 対応分析

社会において、企業はどのようなブランドイメージを持たれているか、またどのような世代の消費者が、どのような食品を好むか、地域別の公共サービスについての満足度はどうかなどを知りたいことがある。このような場合アンケート調査が行われ、調査における 2 つの質問項目について各カテゴリ間の対応関係を調べることになる。

このような場合、**対応分析**（コレスポンデンス分析：correspondence analysis）という、カテゴリ化された 2 変数間の相関が最大になるように各変数のカテゴリを数量化してそれらの対応関係を見る手法がある。これは、1970 年頃フランスのベンゼクリ（Benzécri）によって提唱された。日本において林知己夫によって 1950 年代に提唱された数量化 III 類、1980 年代に西里静彦によって提唱された双対尺度法と基本的な考え方は同じである。

説明のため、次のような簡単なデータを考えよう。人または世代によって食事の好みが対応づけられるか調べるため、10 人（サンプル、個体）を対象に、次の 2 つの質問を行ったところ、表 6.3 のデータが得られた。

質問

質問 1（Q1） あなたの年齢で該当するものを 1 つ選択してください。
  1. 20 代 2. 30 代 3. 40 代 4. 50 代
質問 2（Q2） あなたの食事の好みで該当するものを 1 つ選択してください。
  1. 和食 2. 洋食 3. 中華

表 6.3 データ行列

サンプル No.	質問 1（Q1）	質問 2（Q2）
1	2	3
2	1	2
3	4	1
4	1	2
5	3	3
6	4	1
7	2	3
8	3	1
9	2	2
10	3	2

このとき、2 変数に関して例えば、第 1 列（サンプル）を 1 つの変数とし、第 2 列（質

問 1) をもう 1 つの変数として分析対象として取り上げると、(単純) 対応 (simple correspondence) 分析 となる。他に第 1 列 (サンプル) と第 3 列 (質問 2) の場合、第 2 列 (質問 1) と第 3 列 (質問 2) からクロス集計 (2 元分割表) を作成した場合もシンプルな対応分析となる。

これに対し、第 1 列 (サンプル) を 1 つの変数とし、第 2 列 (質問 1) と第 3 列 (質問 2) を一緒にしたものをもう 1 つの変数とした場合には多項目 (複数項目) の反応パターンを対象とした対応分析で、**多重対応 (multiple correspondence) 分析** という。なお、サンプル (個体) を 1 変数とし、2 項目の反応パターンを変数とした場合はクロス集計の場合と本質的に同じ解析となる。

予備分析

表 6.3 のデータの対応分析を行うに先立って、予備的な分析を行う。まず、エクセル等でデータを作成し、ファイル名を「corpdat.csv」として csv ファイル形式で保存する。

作成したデータファイルを、関数 read.table() を用いて直接読み込む。そのために、まず、作業ディレクトリをデータのあるディレクトリに変更しておく。R Console のメニューバーの《ファイル》▶《ディレクトリの変更》で、ディレクトリの変更のダイアログボックスを表示する。 ブラウズ でデータファイルがあるディレクトリを選択後、 OK をクリックする。

次のコマンドを R Console に入力する。なお、R でクロス集計するには関数 table() を利用する。

```
R Console
> corp <- read.table("corpdat.csv", sep=",", header=T)
               # データを読み込んで corp に代入
               # カンマ区切の場合、sep="," を指定
               # corp <- の代わりに corp = でもよい
> corp         # データの表示
    No 世代 料理
1    1 30代 中華
2    2 20代 洋食
3    3 50代 和食
4    4 20代 洋食
5    5 40代 中華
6    6 50代 和食
7    7 30代 中華
8    8 40代 和食
9    9 30代 洋食
10  10 40代 洋食
> attach(corp)  # 変数を単独で扱えるようにする
```

6.3 対応分析

```
> x <- table(世代, 料理,deparse.level=2)   # クロス集計
                                         # deparse.level=2 のとき変数名も表示
> x            # x の内容の表示
      料理
世代   中華 洋食 和食
  20代    0    2    0
  30代    2    1    0
  40代    1    1    1
  50代    0    0    2
> margin.table(x,margin=1)     # 世代についての周辺度数
                                # margin=1 は行を指定
世代
20代 30代 40代 50代
   2    3    3    2
> margin.table(x,margin=2)     # 料理についての周辺度数
                                # margin=2 は列を指定
料理
中華 洋食 和食
   3    4    3
> prop.table(x,margin=1)       # 行ごとに、行合計に対する割合を表示
      料理
世代        中華      洋食      和食
  20代 0.0000000 1.0000000 0.0000000
  30代 0.6666667 0.3333333 0.0000000
  40代 0.3333333 0.3333333 0.3333333
  50代 0.0000000 0.0000000 1.0000000
> # 列ごとに、列合計に対する割合を表示
> # そのため x を転置した行列について、上記と同じことを行う
> # 転置には関数 t() を利用する
> # なお, 転置とは行と列を入れ替えることをいう
> y <- prop.table(t(x),margin=2)
> y
      世代
料理        20代      30代      40代      50代
  中華 0.0000000 0.6666667 0.3333333 0.0000000
  洋食 1.0000000 0.3333333 0.3333333 0.0000000
  和食 0.0000000 0.0000000 0.3333333 1.0000000
```

表 6.3 について、第 2 列を 1 変数、第 3 列をもう 1 つの変数としてクロス集計表を作成すると表 6.4 が得られる。

このように質的データは 2 元分割表（two-way contigency table）（クロス集計表ともいう）の形に集計できる。

表 6.4 クロス集計表

質問1 (Q1) \ 質問2 (Q2)	和食	洋食	中華	計
20代	0	2	0	2
30代	0	1	2	3
40代	1	1	1	3
50代	2	0	0	2
計	3	4	3	10

6.3.1 クロス集計表についての解析

ここではクロス集計表としてデータが得られる場合を扱う。そこでデータ行列として、行に1つの変数、列にもう1つの変数を割り当てたときの表6.5を与える。

表 6.5 データ行列

カテゴリ変数1 \ カテゴリ変数2	1	2	$\cdots$	j	$\cdots$	q	計
1	d_{11}	d_{12}	$\cdots$	d_{1j}	$\cdots$	d_{1p}	$d_{1\cdot}$
$\vdots$	$\vdots$	$\vdots$	$\ddots$	$\vdots$	$\ddots$	$\vdots$	$\vdots$
i	d_{i1}	d_{i2}	$\cdots$	d_{ij}	$\cdots$	d_{iq}	$d_{i\cdot}$
$\vdots$	$\vdots$	$\vdots$	$\ddots$	$\vdots$	$\ddots$	$\vdots$	$\vdots$
p	d_{p1}	d_{p2}	$\cdots$	d_{pj}	$\cdots$	d_{pq}	$d_{p\cdot}$
計	$d_{\cdot 1}$	$d_{\cdot 2}$	$\cdots$	$d_{\cdot j}$	$\cdots$	$d_{\cdot q}$	$n = d_{\cdot\cdot}$

行に変数として、例えば世代を割り当て、列に他の変数である項目、例えば好みの料理を割り当てた場合を考える。このとき、世代と料理との対応関係を調べよう。

行の変数のカテゴリに数量 $\boldsymbol{x} = (x_1, \ldots, x_p)$、列の変数のカテゴリに数量 $\boldsymbol{y} = (y_1, \ldots, y_q)$ を割り当てる。これを **数量化** という。このとき、行と列の変数の相関係数

$$r = \frac{\sum_{i=1}^{p}\sum_{j=1}^{q} d_{ij}(x_i - \overline{x})(y_j - \overline{y})}{\sqrt{\sum_{i=1}^{p} d_{i\cdot}(x_i - \overline{x})^2 \sum_{j=1}^{q} d_{\cdot j}(y_j - \overline{y})^2}} \tag{6.9}$$

が最大になるように $\boldsymbol{x}$ と $\boldsymbol{y}$ を求める。ここで中心位置をいずれも原点、つまり $\overline{x} = 0 = \overline{y}$ としても問題ない。またスケールについても $\sum_{i=1}^{p} d_{i\cdot} x_i^2 = 1 = \sum_{j=1}^{q} d_{\cdot j} y_j^2$ の制約条件のもとで数量化しよう。そこで、$r = \sum d_{ij} x_i y_j = \boldsymbol{x}^\mathrm{T} D \boldsymbol{y}$ ($D = (d_{ij})_{p \times q}$) を最大化する。

行列 D の 1 以外の正の固有値を大きい順に $\lambda_1 \geq \cdots \geq \lambda_r$ とすれば、

$$\chi^2 = \sum_{i=1}^{p}\sum_{j=1}^{q} \frac{\left(d_{ij} - \frac{d_i.d_{.j}}{n}\right)^2}{\frac{d_i.d_{.j}}{n}} = n(\lambda_1 + \cdots + \lambda_r) \tag{6.10}$$

かつ

$$r \leq \sqrt{\lambda_1} \tag{6.11}$$

が成立する。なお、χ^2 は、行の変数と列の変数の独立性を計る統計量である。

対応分析は R コマンダーにメニュー化されておらず、R Console からコマンドを用いて実行する必要がある。対応分析を実行する R の関数として、パッケージ **FactoMineR** に関数 **CA()** がある[15]。この関数は、

CA(利用データセット名, 次元の指定)

の形で利用する。関数名 CA は大文字で入力することに注意しよう。利用データセットは、行変数と列変数ともカテゴリ変数で分割表として得られているデータ形式のものである。次元を指定する場合は、「ncp=次元数」の形で入力する。なお、デフォルトは「ncp=5」である。以下このデータに対して、具体的に適用してみよう。

手順1 必要があれば利用するパッケージを起動する

R Console

```
> library(FactoMineR)
```

手順2 データの読み込み（表 6.4 のデータ）

R Console

```
> cross <- read.table("crossdat.csv", sep=",", header=T)
                          # ファイルのあるディレクトリに変更した後
                          # crossdat.csv をヘッダーありで読み込む
                          # それを cross に代入
> cross                   # データの表示
      和食 洋食 中華
20 代    0    2    0
30 代    0    1    2
40 代    1    1    1
50 代    2    0    0
> attach(cross)           # 変数を単独で扱えるようにする
```

手順3 予備解析（帯グラフ等のグラフ作成）

---
15) 他に、パッケージ **ca** がある。また、パッケージ MASS に関数 corresp() がある。

第 6 章 その他の手法

次のコマンドにより帯グラフ等のグラフを作成し、予備解析を行う。

```
R Console

> x <- prop.table(t(cross),margin=2)  # 転置した cross の列ごと割合を計算し、
                                       # x に代入
> x           # x の表示
       20 代     30 代       40 代   50 代
和食    0  0.0000000  0.3333333    1
洋食    1  0.3333333  0.3333333    0
中華    0  0.6666667  0.3333333    0
> barplot(x,horiz=T,col=2:4,legend=rownames(x))   # 帯グラフ
> y <- cbind(和食, 洋食, 中華)           # 変数を列で結合
> par(mfrow=c(1,2))          # グラフ画面を 1 行 2 列に分割した画面とする
> barplot(y,beside=T,names=colnames(cross), col=2:5,
          legend=rownames(cross))    # 料理別棒グラフ
> barplot(t(y),beside=T,names=rownames(cross),col=2:4,
          legend=colnames(cross))    # 世代別棒グラフ
> par(mfrow=c(1,1))        # グラフ画面を 1 行 1 列画面に戻す
```

帯グラフで表示するため、関数 prop.table() を使って列ごとに和を求め、各割合を求める。その結果を barplot() を使って棒グラフ(「horiz=T」で横棒)に表示している。さらに、凡例を表示するため関数 **legend()** を利用している。

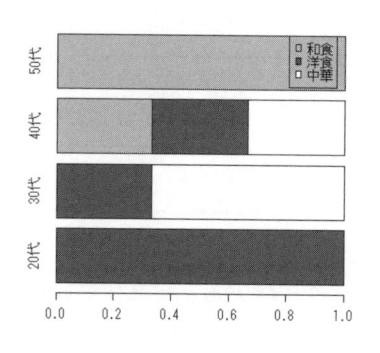

図 6.24 帯グラフ

帯グラフ(図 6.24)から、20 代は洋食を好む割合が 100 %(2 人とも)で、30 代は洋食と中華を好み、40 代は和、洋、中華いずれも好み、50 代は 2 人とも和食を好むことがわかる。

次に料理別棒グラフ(図 6.25)から、和食は 40 代、50 代に好む人があり、洋食は 20 代、30 代、40 代にいる。また中華料理は 30 代と 40 代に好む人がいた。世代別の棒グラフを見ると、20 代は洋食を好む人であった。30 代は洋食と中華を好む人であっ

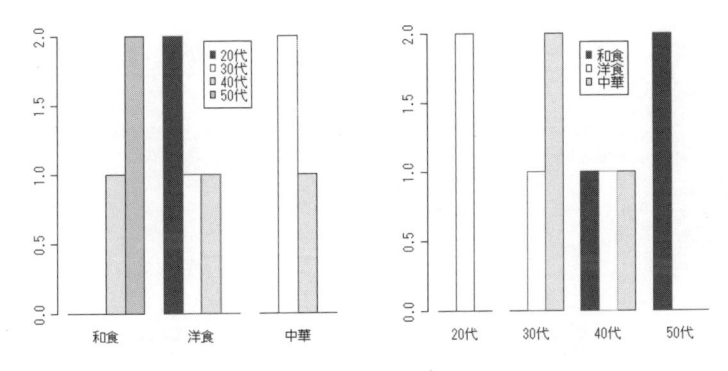

図 6.25 棒グラフ（左側：好みの料理別、右側：世代別）の表示

た。40 代は和、洋、中華いずれも好む人がいた。50 代の人は和食を好む人であった。

手順 4 関数 CA() の利用（行得点、列得点を求め、グラフ等を作成）

関数 CA() を実行すると、同時にグラフ（図 6.26）も表示される。

```
R Console
> cross.CA <- CA(cross,ncp=2)   # 座標，寄与率などその他の表示できる内容は
                                # cross.CA を入力して確認できる
```

手順 5 解釈（軸についても妥当な解釈がつけば行う）

正準相関（ canonical correlation）はかなり高く、世代と好みの料理との関連を高くなるように得点化できる。寄与率からも 2 次元まで取ると 100 ％となる。図より、50 代の年輩者は他の世代より和食を好む傾向がある。また、20 代は他の世代より洋食を好む傾向がある。中華については 30 代から 40 代の世代が他の世代より好む傾向がありそうである。

なお、cross.CA に関して、固有値は cross.CA$eig に保存されている。その平方根が、正準相関係数である。**行得点**（ row score）は、cross.CAindcoord に、**列得点**（ column score）は、varcoord に保存されている。なお、行得点と列得点を同じ画面に表示することを**バイプロット**（ biplot）という。

6.3.2 多重対応分析

個体の回答（反応）が 1 つとは限らない場合には多重対応分析となる。多重対応分析の関数として MCA() がパッケージ FactoMineR にある。関数 MCA() を用いる場合、表 6.3 のデータ形式を扱う。そして次のように入力して利用する。

　　MCA(利用データセット名, 次元の指定)

MCA が大文字であることに注意しよう。また、利用データセットは行変数として

第 6 章　その他の手法

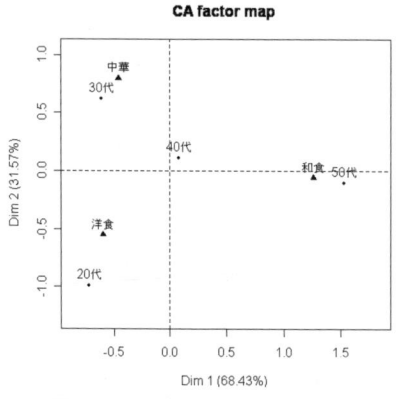

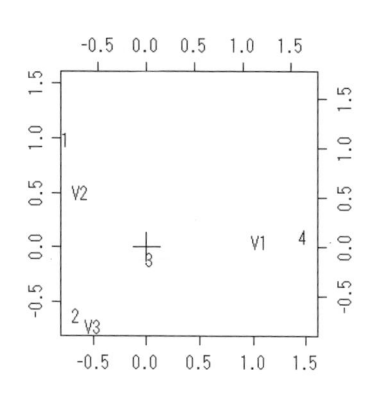

図 6.26　世代カテゴリスコアと料理カテゴリスコアの同時表示（バイプロット）

サンプル（個体）をとり、列変数にカテゴリを取るデータ形式である。なお、次元の指定は、「ncp=次元数」の形で入力し、標準では「ncp=5」である。以下では具体的に、関数 MCA() を用いて解析してみよう。

2 つの変数（因子）を持ち、各サンプルについてカテゴリが 1 からカテゴリ数で与えられるデータについて、関数 MCA() を用いて数量化を行う。その結果 3 つの図が出力される（図 6.27）。行得点（サンプルスコア）のプロット、列得点（カテゴリ）のプロット、及び行得点と列得点のバイプロットである。

```
> corp <- read.table("corpdat.csv", sep=",", header=T)
> corp
   No 世代 料理
1   1 30代 中華
     ・・・
10 10 40代 洋食
> corpm <- corp[,-1]   # corp の第 1 列を削除したデータフレームを corpm に代入
> corpm
   世代 料理
1  30代 中華
     ・・・
10 40代 洋食
> fix(corpm)  # 変数が因子でない場合、エディターにより変数を文字型に修正
> corpm.MCA <- MCA(corpm,ncp=2)
> names(corpm.MCA)      # corpm.MCA に保存されている情報
[1] "eig"   "call"  "ind"   "var"   "svd"
```

図 6.27 の上右側の図と図 6.26 は、上下反転（第 2 軸の符号を逆転）させると同じ

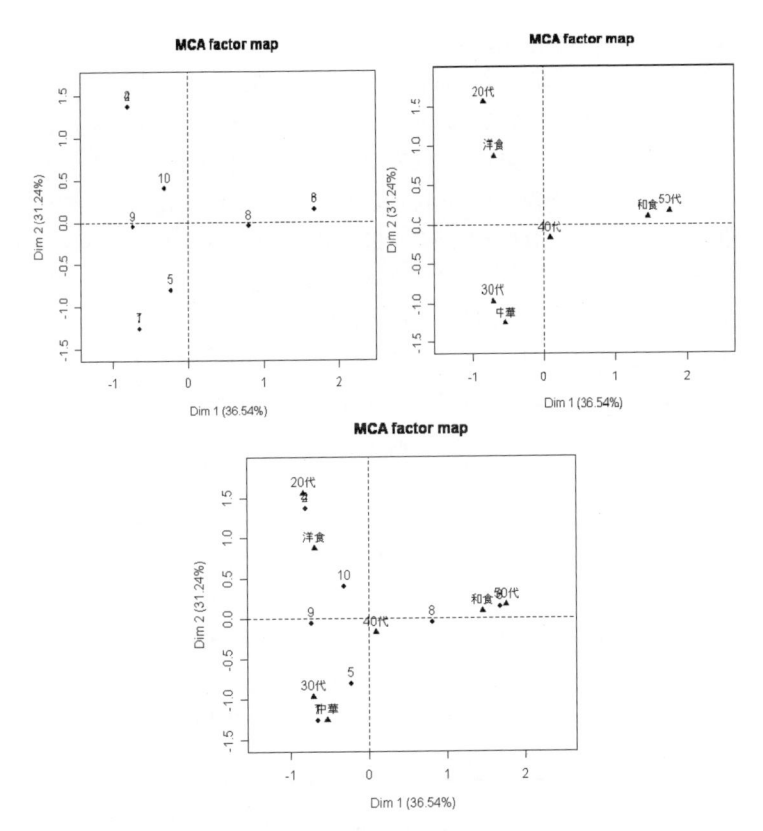

図 6.27　corpm.MCA の行得点（上左）と列得点（上右）、これらのバイプロット（下）

になる。そして、図 6.26 では個人との対応は示されていないが、世代と料理との対応が図 6.27 と同じで、20 代と洋食、30 代と中華、50 代と和食がそれぞれ近くに配置され好みが他と比べ強い対応になっているという同じ傾向が得られる。このように最終的に同じ解析結果が得られる。

なお corpm.MCA に関して、固有値は corpm.MCA$eig に値が保存されている。その平方根が、正準相関係数である。行得点は、corpm.MCAindcoord に、列得点は、corpm.MCAvarcoord に保存されている。これらは、R Console 中で利用したコマンド「names(corpm.MCA)」の結果より確認できる。

その他、質的（カテゴリカル）なデータが得られるときに利用されると思われる手法に **等質性分析**[16]がある。等質性分析はアンケート調査などにおいて、カテゴリを数量化することによりカテゴリとカテゴリの関係を調べる。またオブジェクトスコア

---

16) パッケージ **homals** で利用可能。

により似ている反応を示す被験者を探る。

また、**コンジョイント分析**（conjoint analysis）は、製品やサービスなどを総合的に評価する際に、それぞれの評価項目がどの程度選考に影響を与えているかを知る分析方法である。実験計画法の直交配列表を利用した要因と水準でのアンケートを取ることにより（回答者は順位を答える）各評価項目にどの程度の効用値が与えられているかを数値化する。そこで、消費者は商品を選ぶ際に、最も重視している評価項目を把握したり、どの組合せが最適か、ある組合せではどの程度評価されるかなどを知ることができる。アメリカで1980年代に発展した手法である。

アソシエーション分析[17]は、バスケット分析とも呼ばれる。バスケット単位で購入した商品の傾向を分析することにより、消費者の購入傾向を分析する手法である。例えば、ある商品を買った場合、別のある商品を一緒に買う傾向がどれだけあるかを調べることができる。

個体間の親近度を測るデータを用いて、近いものは近くに配置し、遠いものは遠くに配置するようにして全体の関係を位置づける手法である **多次元尺度法** がある。

グラフィカルモデリング[18]は、データから探索的に変数間の関係を表すモデルを構築するための手法である。偏相関係数等を利用して変数間の関係をグラフに明示する。

他にアンケート調査で得られるカテゴリカルなデータ解析については、**カテゴリカル回帰分析**、**カテゴリカル主成分分析**、**カテゴリカル正準相関分析** などがある。

練習問題 6-3

パッケージ MASS にあるデータセット **caith** は、スコットランドの Caithness 地方の人々の目と髪の色に関するクロス集計データで、行が目の色（blue, light, medium, dark）、列が髪の色（fair, red, medium, dark, black）を表している（表6.6）。このデータについて対応分析を適用して、目の色と髪の色についての対応関係を考察せよ。

表 6.6　caith データ

	fair	red	medium	dark	black
blue	326	38	241	110	3
light	688	116	584	188	4
medium	343	84	909	412	26
dark	98	48	403	681	85

---

17) パッケージ **arules** で利用可能。
18) 例えば、パッケージ **ggm** で利用可能。

付録 A　パッケージ Rcmdr

Rcmdr（R コマンダー）は、カナダのマクマスター大学（McMaster University）のフォックス（John Fox）教授が開発・管理されているパッケージである。本書は、このパッケージを利用して、多変量解析の基本および応用の手法を基本的にメニュー方式（GUI：Graphical User Interface）で実行する方法を見てきた。しかし、紹介できた内容はほんの一部であり、ここでは、その他有益な機能をいくつか紹介する。

A.1　R コマンダーのしくみ

R コマンダーを起動すると、図 A.1 に示すウィンドウが表示される。これは、上からメニューバー、ツールバー、**スクリプトウィンドウ**、**出力ウィンドウ**、メッセージウィンドウから構成される。

R コマンダーを起動した直後では、[データセット] 欄の右には「＜アクティブデータセットなし＞」、[モデル] 欄の右には「＜アクティブモデルなし＞」と表示されていることに注意。

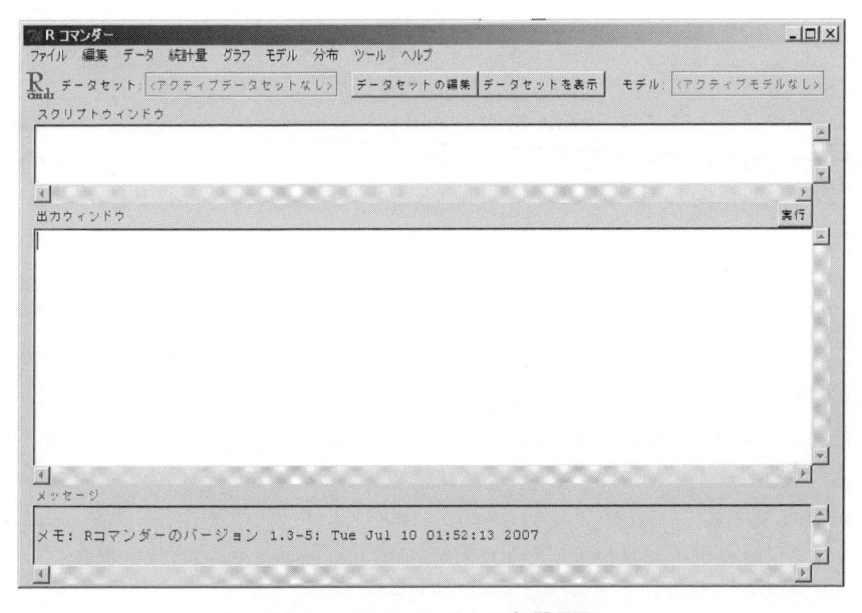

図 A.1　R コマンダー の初期画面

スクリプトウィンドウおよび出力ウィンドウの役割は次のとおりである。

付録 A　パッケージ Rcmdr

　Rコマンダーでは、さまざまな機能がメニューやボタンに埋め込まれている。そのため、利用者は面倒なコマンド（スクリプト）を入力しなくてもよく、Rの初心者にとって利用時の負担が軽減される。また、メニューが実行しているコマンドをスクリプトウィンドウに表示するよう設計されているため、実行したメニューに対応するスクリプトを確認することができる。さらに、データや条件を変更して、同じような分析・操作を繰り返す場合、ウィンドウに表示されているスクリプトを修正しながら利用すると、煩雑なメニュー操作を行わなくて済む。

スクリプトウィンドウの利用

　例えば、Cドライブの work フォルダに dat1.csv, dat2.csv, dat3.csv という3つのカンマ区切り（csv：comma separated value）ファイルがあり、これらを連続して読み込みたいとする。このときまず、ファイル dat1.csv を R コマンダーの《データ》▶《データのインポート》▶《テキストファイルまたはクリップボードから》を利用して読み込む。これが終了すると、スクリプトウィンドウに次のスクリプトが表示されている（データセット名をデフォルトの「Dataset」から「dat1」に変更していることに注意）。

```
―［スクリプトウィンドウ］ファイル dat1.csv の読み込み ―――――――
> dat1 <- read.table("C:/work/dat1.csv", header=TRUE, sep=",", na.strings="NA",
                     dec=".", strip.white=TRUE)
```

　このスクリプトは、関数 read.table() を利用して、フォルダ「C:/work/」にある CSV ファイル「dat1.csv」を読み込み、その内容に「dat1」という名前をつけるという命令になっている[1]。「<-」は、右辺で行った操作の結果に左辺の名前をつけて保存するという代入を意味し、「=」でも良い。「header=TRUE」は、ファイルの1行目に変数名（ヘッダー）があり、「sep=","」はデータの区切り記号がカンマ（,）、「na.strings="NA"」は、**欠測値** は記号「NA」（Not Available：利用不可）で入力されており、「dec="."」は、小数点の記号がピリオド（.）、「strip.white=TRUE」はデータに空白がある場合に、それを削除して読み込むことを意味する。

　次に、スクリプトで、2カ所ある「dat1」を「dat2」に変更して[実行]をクリックする（スクリプトの行にカーソルがある状態でクリックすること）。次に、「dat2」を「dat3」に変更して[実行]をクリックする。これらにより3つのファイルの読み込みが終了する（図A.2）。結果が次々と出力ウィンドウに表示されているので、確認しよう。

　このように、スクリプトウィンドウ中のコマンドを編集することができ、さらに、[実行]ボタンを用いてそれを実行することができる。

---

[1]　実際には1行に表示されるが、スペースの制約から2行に分けている。

A.2 データのハンドリング

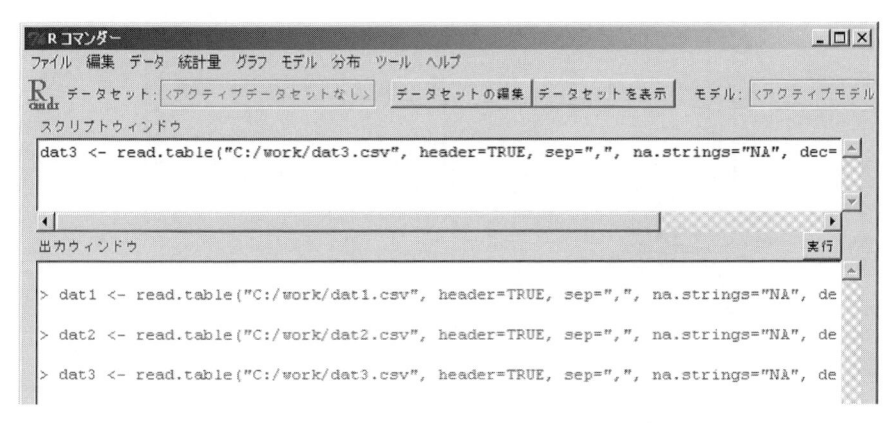

図 A.2 スクリプトウィンドウと出力ウィンドウ、[実行] ボタン

A.2 データのハンドリング

A.2.1 パッケージ内のデータセットのアクティブ化

R にはたくさんのデータセットが用意されており、これらを用いて手法の利用の仕方を学習することができる。R のパッケージに用意されているデータを R コマンダーに読み込みたい場合、以下のようにする。

R コマンダーの《データ》▶《パッケージ内のデータ》▶《アタッチされたパッケージからデータセットを読み込む》を選択する。ダイアログボックス（図 A.3）の［データセットを入力する］窓にデータセット名を入力して [OK]。うまくいかない場合は、データセット名が間違っているか、そのデータセットを含むパッケージが起動していないか、あるいは利用可能ではないかのいずれかである。起動していない場合、R Console に次を入力する。

―― R Console ――
> `library`(パッケージ名)

A.2.2 アクティブデータセットの切り替え

アクティブデータセット とは、R コマンダーで現在選択されているデータセットのことであり、R コマンダーで選択されたメニューはこのデータセットに対して適用される。R コマンダーでは、複数のデータセットを読み込んでおいて、アクティブデータセットを切り替えながら分析を進めることができる。また、アクティブデータセッ

付録 A　パッケージ Rcmdr

図 **A.3**　パッケージ内のデータの読み込み

トは、データセットの窓にその名前が表示されているので、確認することができる。切り替えは、《データ》▶《アクティブデータセット》▶《アクティブデータセットの選択》より行う。なお、同じことが、図 A.4 に示す［データセット］の窓をクリックして利用可能なデータセットの一覧を表示し[2]、マウスで選択しても可能である。

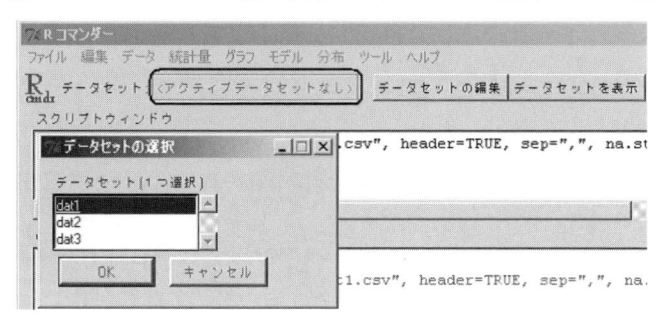

図 **A.4**　アクティブデータセットの切り替え

A.2.3　データの切り出し

あやめデータ（5.1 節、116 ページ）を用いて、データセットからデータの一部を切り出す方法を簡単に見る。まず、次の形で利用可能にする。

```
R Console
> data(iris)
```

[2]　この一覧にない場合は、R Console で次を入力してから、図 A.4 に示したアクティブデータセットの切り替えを行う。

```
R Console
> data(データセット名)
```

A.2 データのハンドリング

データセット iris の構造を見るには、次のようにする。

```
R Console

> names(iris)        # どんな変数を含むか
[1] "Sepal.Length" "Sepal.Width"  "Petal.Length" "Petal.Width"  "Species"
> str(iris)          # 構造はどうなっているか
'data.frame':    150 obs. of  5 variables:
 $ Sepal.Length: num  5.1 4.9 4.7 4.6 5 5.4 4.6 5 4.4 4.9 ...
 $ Sepal.Width : num  3.5 3 3.2 3.1 3.6 3.9 3.4 3.4 2.9 3.1 ...
 $ Petal.Length: num  1.4 1.4 1.3 1.5 1.4 1.7 1.4 1.5 1.4 1.5 ...
 $ Petal.Width : num  0.2 0.2 0.2 0.2 0.2 0.4 0.3 0.2 0.2 0.1 ...
 $ Species     : Factor w/ 3 levels "setosa","versicolor",..: 1 1 1 1 ...
```

関数 **names()** はオブジェクト（ここではデータセット）の名前（name）を表示する関数であり、関数 **str()** はオブジェクトの構造（structure）を表示する関数である。関数 str() の出力の 1 行目は、このオブジェクトは data.frame（データフレーム）であり、データ数は 150、変数は 5 つあることを意味する。$ Sepal.Length の行は、これは数値変数（numeric）であり、データとして 5.1, 4.9, ... となっていることを意味する。$ Species の行は、これは因子（Factor）で、水準（levels）として 3 水準（"setosa","versicolor",..）があることを示す。

データセットの最初の数行を表示するには、関数 **head()** を利用するとよい。

```
R Console

> head(iris)       # 標準では最初の 6 行を表示する
  Sepal.Length Sepal.Width Petal.Length Petal.Width Species
1          5.1         3.5          1.4         0.2  setosa
2          4.9         3.0          1.4         0.2  setosa
3          4.7         3.2          1.3         0.2  setosa
4          4.6         3.1          1.5         0.2  setosa
5          5.0         3.6          1.4         0.2  setosa
6          5.4         3.9          1.7         0.4  setosa
```

データセット iris の 1 列目（Sepal.Length）のデータのみを切り出すには、

　　データセット名$変数名

の形で指定する。例えば、次のようにする。

```
R Console

> iris$Sepal.Length
 [1] 5.1 4.9 4.7 4.6 5.0 5.4 4.6 5.0 4.4 4.9 5.4 4.8 4.8 4.3 5.8
[16] 5.7 5.4 5.1 5.7 5.1 5.4 5.1 4.6 5.1 4.8 5.0 5.0 5.2 5.2 4.7
 ....
```

R Console の表示中の [1] は、すぐ右にあるデータ（5.1）が 1 番目のデータであ

り、[16] は、すぐ右にあるデータ（5.7）が 16 番目のデータであることを示す。なお、関数 attach() を利用すると、データセット名を書かずに、変数名単独でデータを利用できる。

```
R Console

> attach(iris)
> Sepal.Length
 [1] 5.1 4.9 4.7 4.6 5.0 5.4 4.6 5.0 4.4 4.9 5.4 4.8 4.8 4.3 5.8
[16] 5.7 5.4 5.1 5.7 5.1 5.4 5.1 4.6 5.1 4.8 5.0 5.0 5.2 5.2 4.7
....
```

別の方法として、

データセット名 [行インデックス, 列インデックス]

という形でデータセットの一部を切り出すこともできる。例えば、iris$Sepal.Length と iris[,1] は同じである[3]。データセットのこうした切り出しのイメージは、図 A.5 のようになる。なお、第 1,2,3 列といった複数列を取り出したい場合、これらを関数 c() で結合して「c(1,2,3)」のように指定する（連番の場合は、「1 : 3」でよい）。また、マイナスのインデックスを指定すると、その行または列以外を抽出することができる。

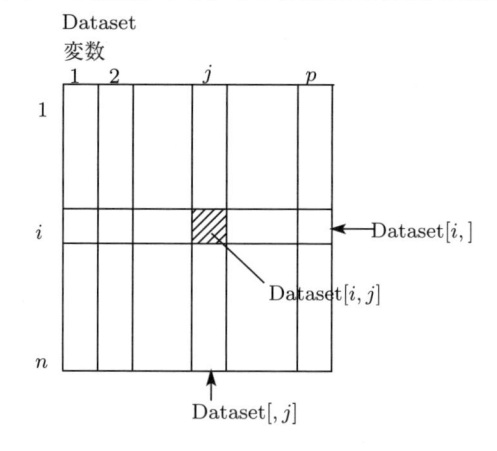

図 A.5　データの切り出し

```
R Console

> iris[,c(1,2,3)]     # iris[,1:3] でもよい
  Sepal.Length Sepal.Width Petal.Length
1          5.1         3.5          1.4
2          4.9         3.0          1.4
```

3）行インデックスを指定しない場合は、全ての行が利用され、列インデックスを指定しない場合は、全ての列が利用される。

```
3              4.7         3.2         1.3
4              4.6         3.1         1.5
 . . . .
> iris[,-c(1,2,3)]    # 1,2,3 列以外の列
     Petal.Width    Species
1        0.2        setosa
2        0.2        setosa
3        0.2        setosa
4        0.2        setosa
 . . . .
```

データセットからデータを切り出し、新たなデータセットを作り出す場合も上記の方法でできるが、R コマンダーの機能を利用しても可能である。例えば、例題 6-1 で用いた、Species が "versicolor" と "virginica" の 2 群のデータセットを作るには、次のようにする。

《データ》▶《アクティブデータセット》▶《アクティブデータセットの部分集合を抽出》を選択する。表示されたダイアログボックスで、必要な変数を指定し（今は全部）、[部分集合の表現] で「!(Species=="setosa")」[4)]、[新しいデータセットの名前] に「iris2g」と指定し（図 A.6）、OK。作成されたデータセット iris2g がアクティブになり、データセット欄に表示される（図 A.7）。

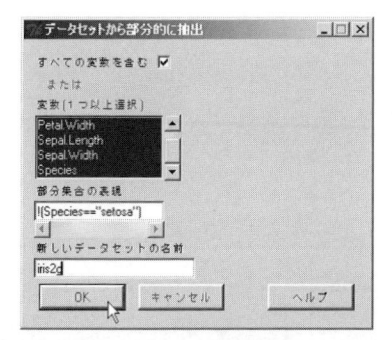

図 A.6　データセットの部分集合を抽出

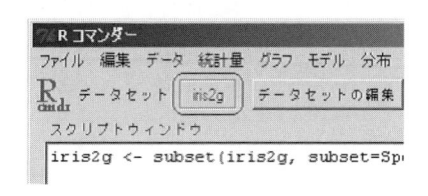

図 A.7　アクティブデータセット

A.2.4　数値変数を因子に変換

スイス紙幣データ（1.3 節、10 ページ）のオリジナルなものでは、変数「Y」の値は「0,1」で入力されている。このデータを呼び出して、要約情報を表示すると次のようになる。

---

4)　「!」は否定を意味する。また、「==」であることに注意。「iris$Species=="versicolor" | iris$Species=="virginica"」でもよいが、長くなるので面倒。「|」は、「または」を意味する。

付録 A　パッケージ Rcmdr

```
R Console

> library(alr3)   # 必要なら
> data(banknote)
> summary(banknote)
....
      Top              Diagonal              Y
 Min.   : 7.70    Min.    :137.8     Min.    :0.0
 1st Qu.:10.10    1st Qu.:139.5     1st Qu.:0.0
 Median :10.60    Median :140.4     Median :0.5
 Mean   :10.65    Mean   :140.5     Mean   :0.5
 3rd Qu.:11.20    3rd Qu.:141.5     3rd Qu.:1.0
 Max.   :12.30    Max.   :142.4     Max.   :1.0
```

変数 Y のメディアンや平均が表示されているが、これは Y が数値変数として取り扱われているからである。数値変数を**因子**（**factor**）に変換するには、《データ》▶《アクティブデータセット内の変数の管理》▶《数値変数を因子に変換》を利用する。「変数」欄で「Y」を指定し、[OK]（図 A.8 左）。次に、水準名を入力し、[OK]（図 A.8 右）[5]。要約統計量を表示すると、因子として取り扱われていることが確認できる。

```
R Console

> summary(banknote)
....
      Top              Diagonal           Y
 Min.   : 7.70    Min.    :137.8     真:100
 1st Qu.:10.10    1st Qu.:139.5     偽:100
 Median :10.60    Median :140.4
 Mean   :10.65    Mean   :140.5
 3rd Qu.:11.20    3rd Qu.:141.5
 Max.   :12.30    Max.   :142.4
```

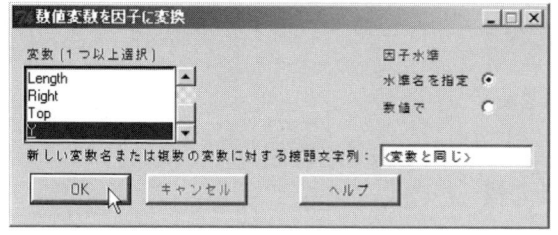

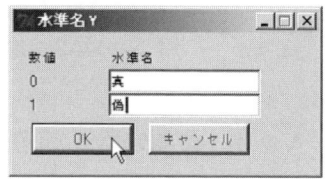

図 A.8　数値変数を因子に変換：左–変数の指定、右–因子水準の入力

---

[5] 元の数値を入力しても、因子として取り扱われる。

A.2.5 変数変換

変数を変換し、それに新たに変数名をつけてデータフレームにくっつけて利用したい場合がある。それには、《データ》▶《データセット内の変数の管理》▶《新しい変数を計算》を利用すると良い。例えば、データセット banknote の変数 Bottom について $Bottom^2$ を計算し、それに変数名「Bottom2」を付けて保存したいとする。

図 A.9 に示すダイアログボックスで、変数名「Bottom2」を左辺に、右辺に計算式「Bottom^2」を入力し、[OK]。計算式には、R で利用可能な関数を使用することができる[6]。[データセットを表示]をクリックすると、変数 Bottom2 が作成され、データセットに付加されていることがわかる（図 A.10）。

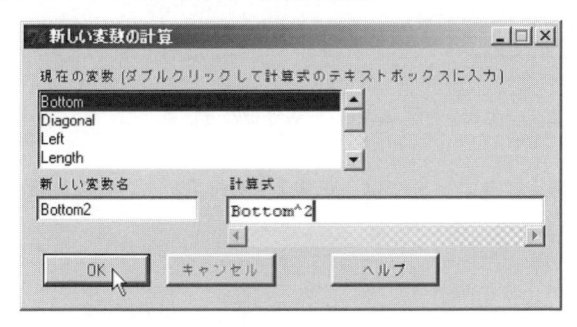

図 A.9 新しい変数の作成ダイアログボックス

図 A.10 変数変換により作成された変数

A.3 分布

R コマンダーの《分布》メニューより、連続分布・離散分布の分位点や確率を求めたり、分布を図に描いたりすることができる。また、分布からのサンプリングを行う

---

[6] 対数変換なら関数 log()、log10()、平方根 sqrt()、ベキ乗 ∧ 等、R で利用できる関数を用いることができる。

ことも可能である。ここでは例として、正規分布の場合を見る。

《分布》▶《連続分布》▶《正規分布》▶《正規分布の分位点》を選択すると、図 A.11（左）が表示される。標準正規分布の上側確率が 0.025 となる点を求めたい場合、図 A.11（右）のように各パラメータを指定して OK をクリックすると、[出力ウィンドウ] に結果 1.959964（≒ 1.960）が表示される。《正規分布の確率》はちょうどこの逆で、値を指定したとき、それより大きい（または小さい）確率を求めることができる。

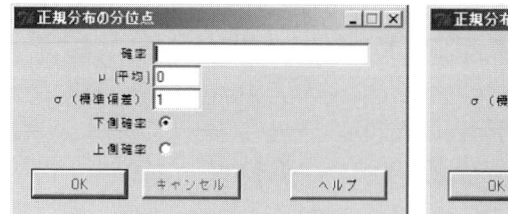

図 **A.11** 正規分布の分位点

《正規分布を描く》メニューでは、正規分布 $N(\mu, \sigma^2)$ の密度関数

$$\phi(x) = \frac{1}{\sqrt{2\pi}\sigma} e^{-\frac{(x-\mu)^2}{2\sigma^2}} \tag{A.1}$$

や分布関数

$$\Phi(x) = \int_{-\infty}^{x} \phi(u) du \tag{A.2}$$

のグラフを描くことができる。正規分布 $N(1, 2^2)$ のそれらのグラフは、図 A.12 のようになる。

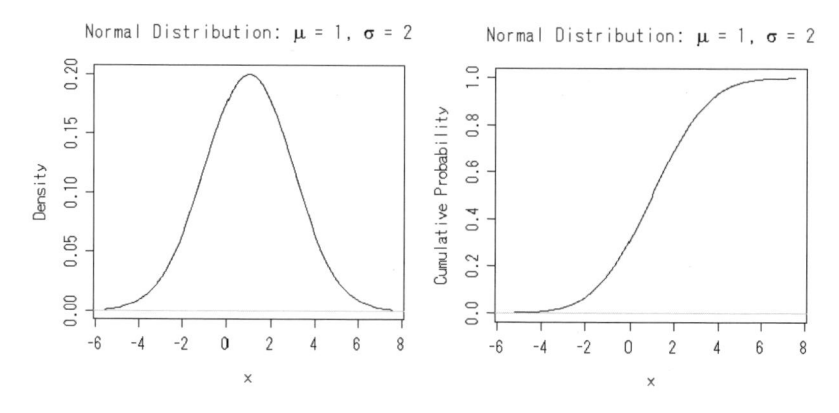

図 **A.12** 正規分布 $N(1, 2^2)$ のグラフ：密度関数（左）、分布関数（右）

付録B　パッケージ Rcmdr.HH

パッケージ Rcmdr.HH は、テンプル大学（Temple University）の入門コースで利用するために開発されたパッケージであるが、R コマンダーでメニュー化されていない手法がいくつか追加されている。本節ではこの追加機能について簡単に説明する。なお、パッケージ名の HH は、著者ら（Heiberger と Holland）の頭文字にちなんでいる（Heiberger and Holland[32]）。

B.1　Rcmdr.HH の機能

Rcmdr.HH で追加されている主な機能は次のとおりである。ここでは、これらのうちのいくつかを見てみる。

- 変数選択
- 交互作用プロット
- QQ プロットの作成と正規性の検定を行う
- 単回帰分析のプロットに信頼区間と予測区間を描く
- 正規分布および t 分布の仮説検定の作図
- 3 次元散布図の作成（マウスによる点の識別機能を追加）
- 散布図行列
- 2 元表の分析

Rcmdr.HH を起動するには、関数 library() を利用して、R コンソール（R Console）に次のコマンドを入力する。Rcmdr.HH のメニューが追加された R コマンダーが起動する。これは、すでに R コマンダーが起動していても良いし、起動していない場合は、自動的に起動される[1]。

```
R Console
> library(Rcmdr.HH)
```

B.1.1　変数選択-《Best subsets regression...(HH)》

パッケージ leaps にある関数 regsubsets() を利用し、総当たり法による変数選択を実行することができる。寄与率 R^2、自由度調整済寄与率 R^{*2}、マローズの C_p、BIC

---

[1] R コマンダーの《ツール》▶《Rcmdr プラグインのロード》から「Rcmdr.HH」を選択して OK 。すると「R コマンダーを再起動する」という意味のメッセージが表れるので、OK としてもよい。

等の変数選択の判断基準を用いることができる。また、これらのグラフを出力できる。この方法を見てみよう。

例として例題 3-6（83 ページ）を取り上げる。データセットを読み込んでから、《統計量》▶《モデルへの適合》▶《Best subsets regression...(HH)》を選択すると、変数選択のダイアログボックスが表示される（図 B.1）。変数選択の基準として

1) R Square：寄与率 R^2　　　　 2) Residual Sum of Squares：残差平方和
3) Adjusted R^2：自由度調整済寄与率　4) Cp：マローズの C_p
5) BIC　　　　　　　　　　　　 6) Standard Error：標準誤差

を指定することができる[2]。

目的変数を y、説明変数を x_1–x_6 に指定し、変数選択の基準を例えば「自由度調整済寄与率」として（図 B.1）OKをクリックすると、図 B.2 が表示される。図より、自由度調整済寄与率を最大にする変数は「x_3, x_6」であることがわかる[3]。また、出力ウィンドウには、これら 2 つを説明変数とするときの回帰分析の要約情報が表示されている。

```
―［出力ウィンドウ］変数選択の結果―
Call:
lm(formula = y ~ x3 + x6, data = Dataset)

Residuals:
   Min     1Q Median     3Q    Max
-83.35 -54.54 -17.19  44.31 155.43

Coefficients:
             Estimate Std. Error t value Pr(>|t|)
(Intercept) 1136.1961   522.2793   2.175   0.0503 .
x3            -0.9109     0.2819  -3.231   0.0072 **
x6             0.6640     0.2562   2.592   0.0236 *
---
Signif. codes:  0 '***' 0.001 '**' 0.01 '*' 0.05 '.' 0.1 ' ' 1

Residual standard error: 73.98 on 12 degrees of freedom
Multiple R-Squared: 0.9534,    Adjusted R-squared: 0.9456
F-statistic: 122.8 on 2 and 12 DF,  p-value: 1.024e-08
```

---

2) これらの意味については、83 ページ参照。
3) 図中で、横軸の Number of Parameters（パラメータ数）は、説明変数の数（p）+1 を、縦軸の adjr2 は、自由度調整済寄与率を意味する。

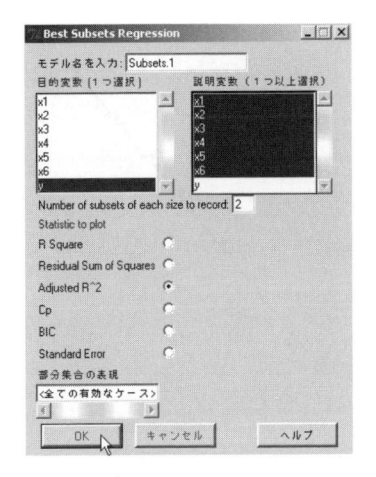

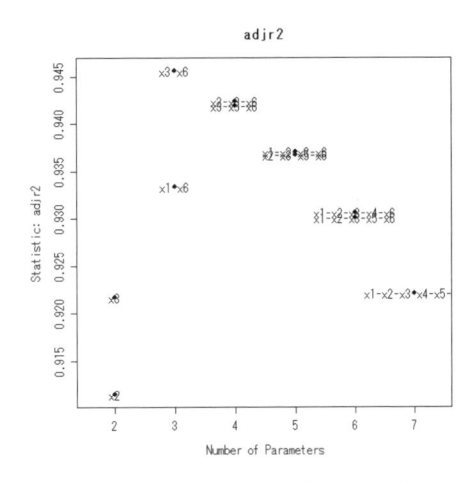

図 B.1　変数選択のダイアログボックス　　図 B.2　自由度調整済寄与率 R^{*2} のグラフ

B.1.2　単回帰分析における信頼区間・予測区間のプロット

単回帰分析において、信頼区間および予測区間を散布図に記入することができる。例として第 2 章の適用例（19 ページ）を取り上げる。

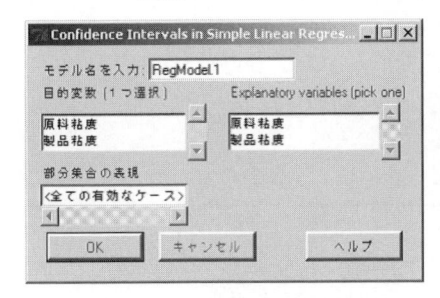

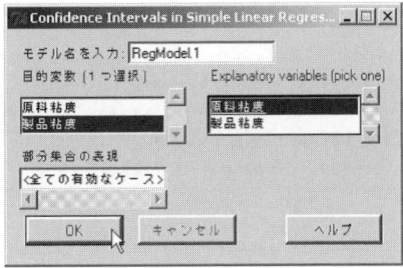

データを読み込んだ後、《統計量》▶《モデルへの適合》▶《Confidence interval Plot...》を選択すると、図 B.3（左）に示すダイアログボックスが表示される。目的変数に「製品粘度」を、Explanatory variables(pick one)（説明変数）に「原料粘度」を指定して OK をクリックすると（図 B.3 右）、図 B.4 が表示される。図の凡例中、「observed」はデータ、「fit」は予測値 $\hat{y}$、「conf int」は信頼区間（confidence interval）、「pred int」は予測区間（prediction interval）を意味する。

図 B.3　信頼区間プロットのダイアログボックス

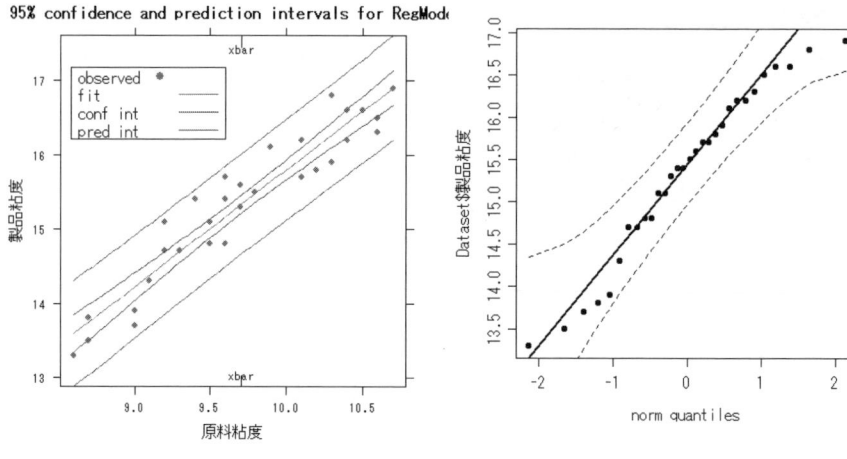

図 B.4　単回帰の信頼区間および予測区間　　図 B.5　QQ プロット

B.1.3　QQ プロットと正規性の検定

《グラフ》▶《Quantile-comparison plot with test...》を選択すると、QQ プロットを作成するとともにシャピロ・ウィルクの正規性の検定（Shapiro-Wilk test of normality）を実行することができる。このメニューのダイアログボックスで変数を指定し、OK をクリックすると、QQ プロット（図 B.5）が表示されるとともに、正規性の検定の結果が出力ウィンドウに表示される。出力結果より、検定統計量 W の値は「0.9559」、そのP 値（p-value）は「0.2422」なので有意ではない。よって、正規分布ではないとはいえない。

```
―[出力ウィンドウ] 正規性の検定 ――――――――――――――――――
> shapiro.test(Dataset$製品粘度)

Shapiro-Wilk normality test

data:   Dataset$製品粘度
W = 0.9559, p-value = 0.2422
```

付録 C Rcmdr および Rcmdr.HH のメニューツリー

Rcmdr および Rcmdr.HH のメニューツリーを示す[1]。メニューの後ろに「...(HH)」と記されたものが、Rcmdr.HH で追加されたものである。なお、Rcmdr.HH は日本語化されていないため、日本語訳を追記している。また、《グラフ》メニューには《QC 七つ道具》のメニューを追加しているが、これに関しては荒木 [1] を参照。

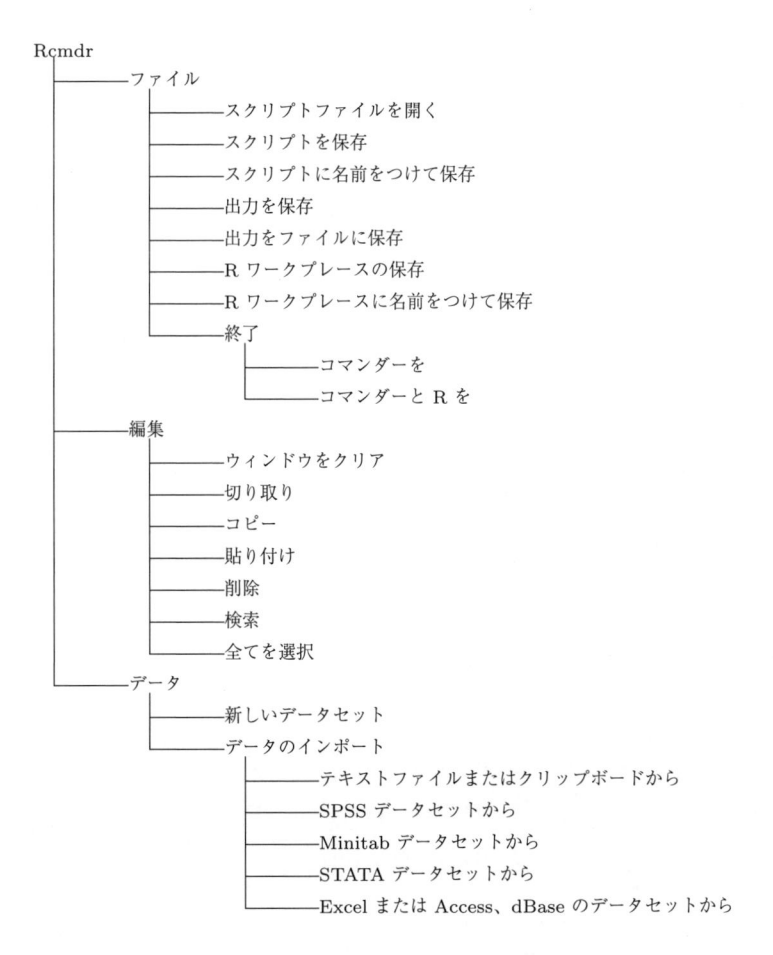

```
Rcmdr
  ├──ファイル
  │    ├──スクリプトファイルを開く
  │    ├──スクリプトを保存
  │    ├──スクリプトに名前をつけて保存
  │    ├──出力を保存
  │    ├──出力をファイルに保存
  │    ├──R ワークプレースの保存
  │    ├──R ワークプレースに名前をつけて保存
  │    └──終了
  │         ├──コマンダーを
  │         └──コマンダーと R を
  ├──編集
  │    ├──ウィンドウをクリア
  │    ├──切り取り
  │    ├──コピー
  │    ├──貼り付け
  │    ├──削除
  │    ├──検索
  │    └──全てを選択
  └──データ
       ├──新しいデータセット
       └──データのインポート
            ├──テキストファイルまたはクリップボードから
            ├──SPSS データセットから
            ├──Minitab データセットから
            ├──STATA データセットから
            └──Excel または Access、dBase のデータセットから
```

---

1) Rcmdr のバージョンは 1.3-5, Rcmdr.HH のバージョンは 1.8-0 に基づく。

付録 C　Rcmdr および Rcmdr.HH のメニューツリー

Rcmdr
├── データ（続き）
│   ├── パッケージ内のデータ
│   │   ├── パッケージ内のデータセットの表示
│   │   └── アタッチされたパッケージからデータセットを読み込む
│   ├── アクティブデータセット
│   │   ├── アクティブデータセットの選択
│   │   ├── アクティブデータセットを新しくする
│   │   ├── アクティブデータセットのヘルプ（可能なら）
│   │   ├── アクティブデータセット内の変数
│   │   ├── ケース名の設定
│   │   ├── アクティブデータセットの部分集合を抽出
│   │   ├── アクティブデータセット内の変数を積み重ねて結合する
│   │   ├── 欠測値のあるケースを削除
│   │   └── アクティブデータセットのエクスポート
│   └── アクティブデータセット内の変数の管理
│   ├── 変数の再コード化
│   ├── 新しい変数を計算
│   ├── データセットに観測値番号を追加
│   ├── 変数の標準化
│   ├── 数値変数を因子に変換
│   ├── 数値変数を区間で区分
│   ├── 因子水準を再順序化
│   ├── 因子に対する対比を定義
│   ├── 変数名をつけ直す
│   └── データセットから変数を削除
└── 統計量
    ├── 要約
    │   ├── アクティブデータセット
    │   ├── 数値による要約
    │   ├── 頻度分布
    │   ├── 欠測値を数える
    │   ├── 層別の統計量
    │   ├── 相関行列
    │   ├── 相関の検定
    │   └── シャピロ・ウィルクの正規性の検定
    └── 分割表
        ├── 2 元表
        ├── 多元分割表
        ├── 2 元表の入力と分析
        ├── Two-way table... (HH)：2 元表
        ├── Enter and analyze two-way table... (HH)：2 元表の入力と分析
        └── Analyze two-way table... (HH)：2 元表の分析

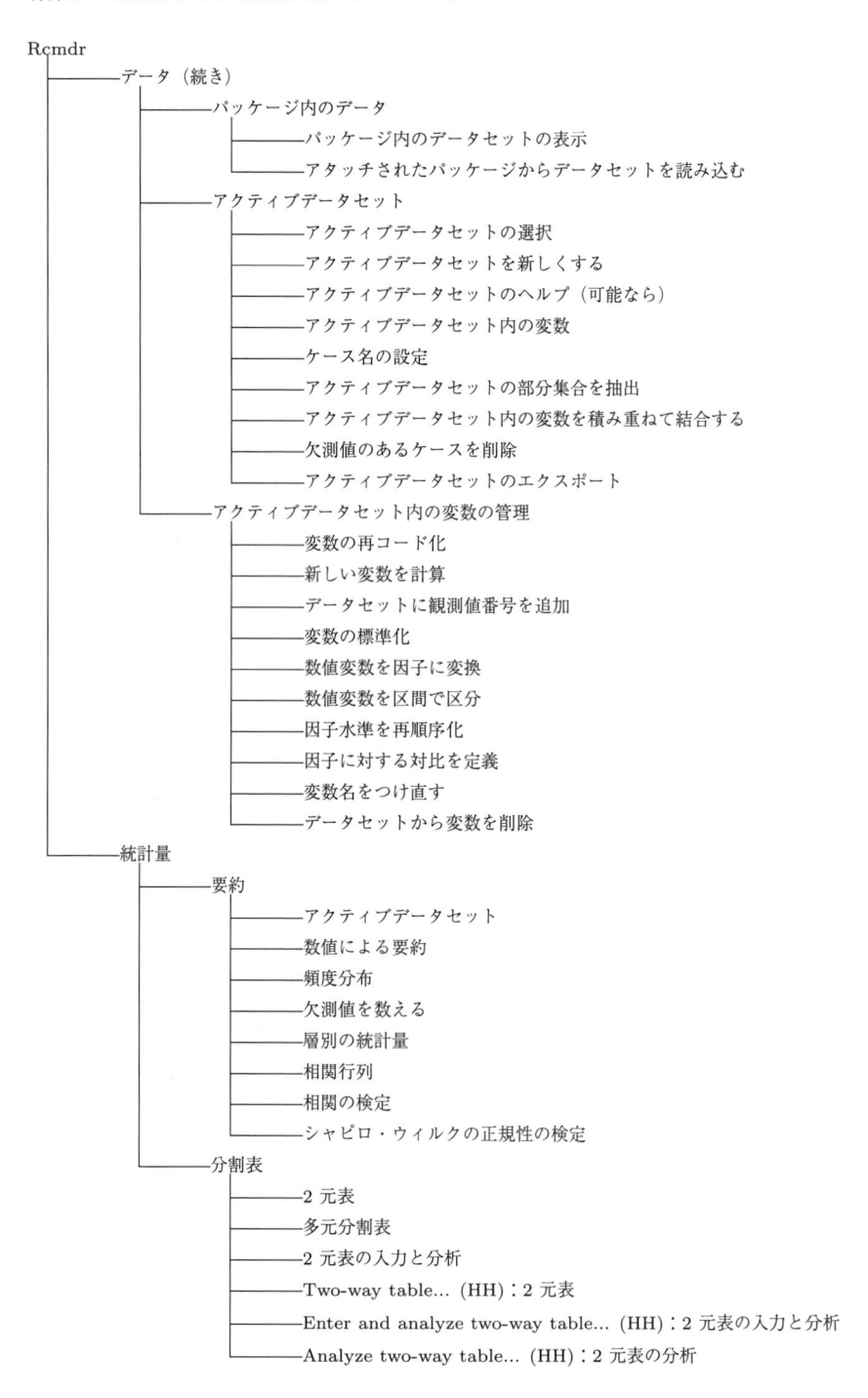

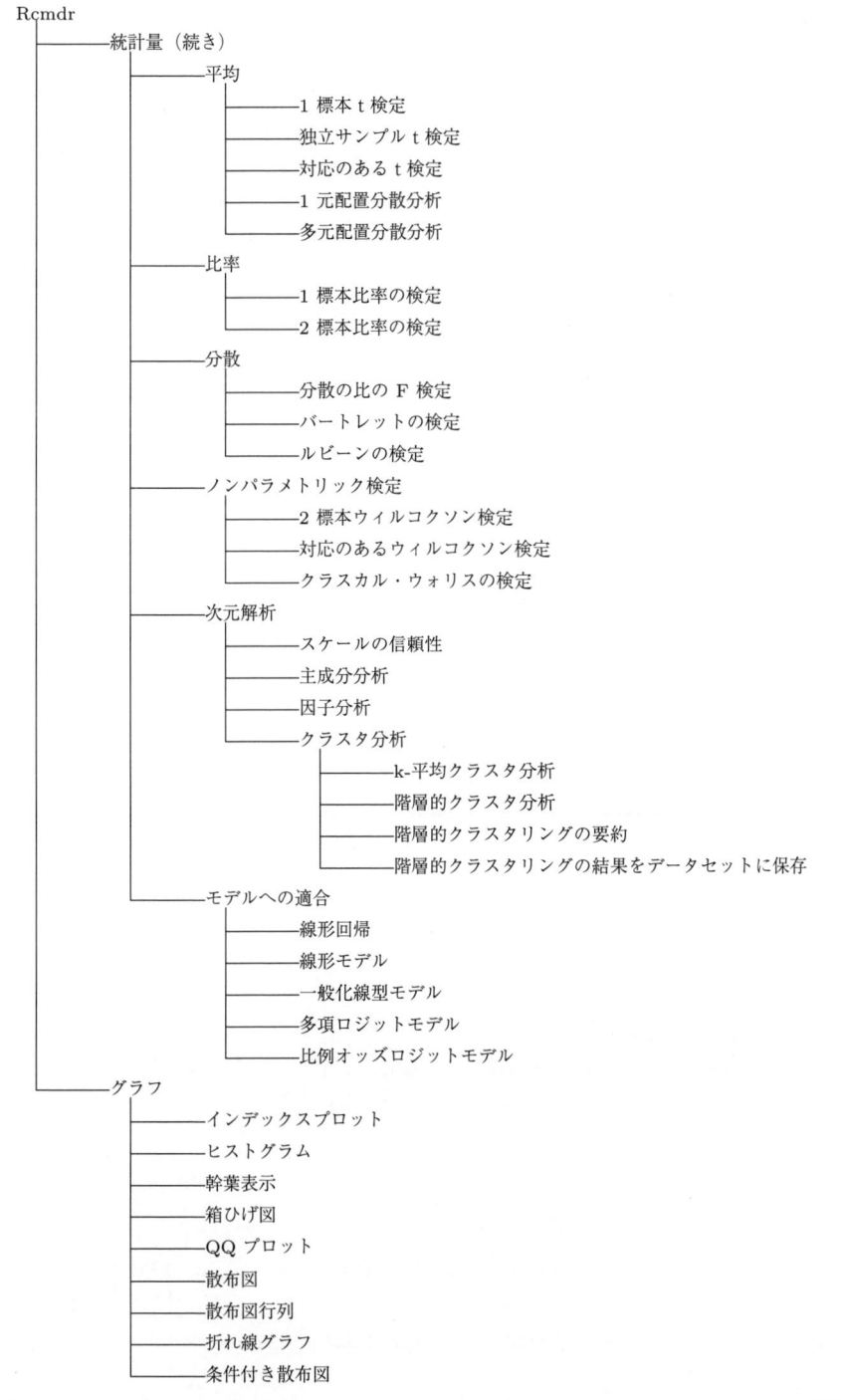

```
Rcmdr
├── 統計量（続き）
│   ├── 平均
│   │   ├── 1 標本 t 検定
│   │   ├── 独立サンプル t 検定
│   │   ├── 対応のある t 検定
│   │   ├── 1 元配置分散分析
│   │   └── 多元配置分散分析
│   ├── 比率
│   │   ├── 1 標本比率の検定
│   │   └── 2 標本比率の検定
│   ├── 分散
│   │   ├── 分散の比の F 検定
│   │   ├── バートレットの検定
│   │   └── ルビーンの検定
│   ├── ノンパラメトリック検定
│   │   ├── 2 標本ウィルコクソン検定
│   │   ├── 対応のあるウィルコクソン検定
│   │   └── クラスカル・ウォリスの検定
│   ├── 次元解析
│   │   ├── スケールの信頼性
│   │   ├── 主成分分析
│   │   ├── 因子分析
│   │   └── クラスタ分析
│   │       ├── k-平均クラスタ分析
│   │       ├── 階層的クラスタ分析
│   │       ├── 階層的クラスタリングの要約
│   │       └── 階層的クラスタリングの結果をデータセットに保存
│   └── モデルへの適合
│       ├── 線形回帰
│       ├── 線形モデル
│       ├── 一般化線型モデル
│       ├── 多項ロジットモデル
│       └── 比例オッズロジットモデル
└── グラフ
    ├── インデックスプロット
    ├── ヒストグラム
    ├── 幹葉表示
    ├── 箱ひげ図
    ├── QQ プロット
    ├── 散布図
    ├── 散布図行列
    ├── 折れ線グラフ
    └── 条件付き散布図
```

付録 C　Rcmdr および Rcmdr.HH のメニューツリー

Rcmdr
├──グラフ（続き）
│　├──平均のプロット
│　├──棒グラフ
│　├──円グラフ
│　├──Quantile-comparison plot with test...：検定付きの QQ プロット
│　├──Scatterplot matrix... (HH)：散布図行列
│　├──Plot of two-way interactions...：2 因子交互作用プロット
│　├──(QC 七つ道具)
│　│　├──QC 折れ線グラフ
│　│　├──QC 棒グラフ
│　│　├──QC 比率グラフ
│　│　├──QC レーダーチャート
│　│　├──QC ヒストグラム
│　│　├──計量値の管理図
│　│　├──計数値の管理図
│　│　├──パレート図
│　│　├──ドットチャート
│　│　└──交互作用チャート
│　├──3 次元グラフ
│　│　├──3 次元散布図
│　│　├──マウスでデータ情報を表示
│　│　├──グラフをファイルで保存
│　│　└──3D scatterplot... (HH)：3 次元散布図
│　└──グラフをファイルで保存
│　　　├──ビットマップとして
│　　　├──PDF/Postscript/EPS として
│　　　└──3 次元 RGL グラフ
└──モデル
　　├──アクティブモデルを選択
　　├──モデルを要約
　　├──計算結果をデータとして保存
　　├──信頼区間
　　├──Best subsets regression... (HH)：
　　├──Confidence interval Plot...：信頼区間のプロット
　　└──仮説検定
　　　　├──分散分析表
　　　　├──2 つのモデルを比較
　　　　├──線形仮説
　　　　├──ANOVA table (Type II Sums of Squares)：分散分析表
　　　　│　　　　　　　　　　　　　　　　　　　　　（タイプ II 平方和）
　　　　└──ANOVA table (Type I Sums of Squares)：分散分析表
　　　　　　　　　　　　　　　　　　　　　　　　　（タイプ I 平方和）

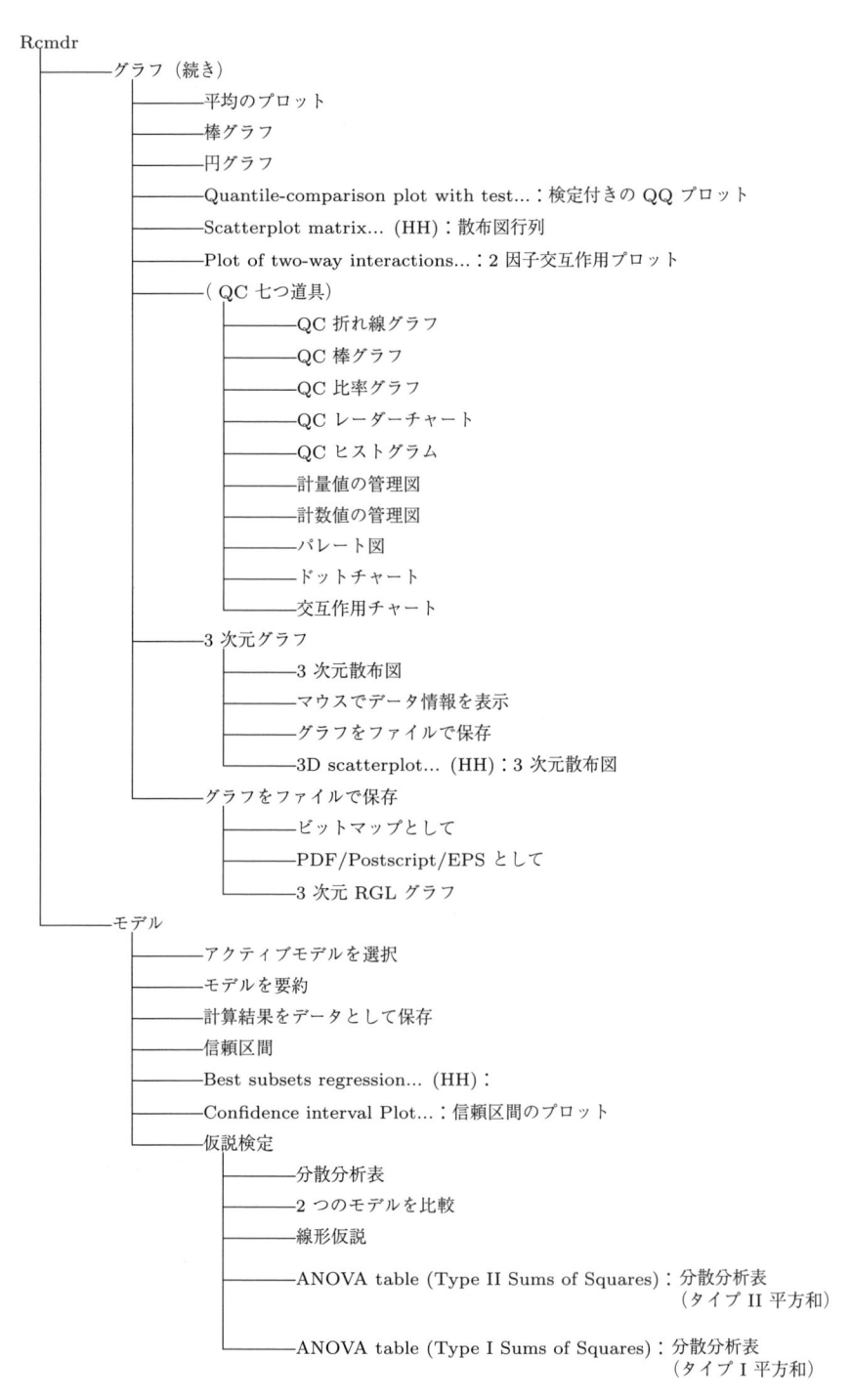

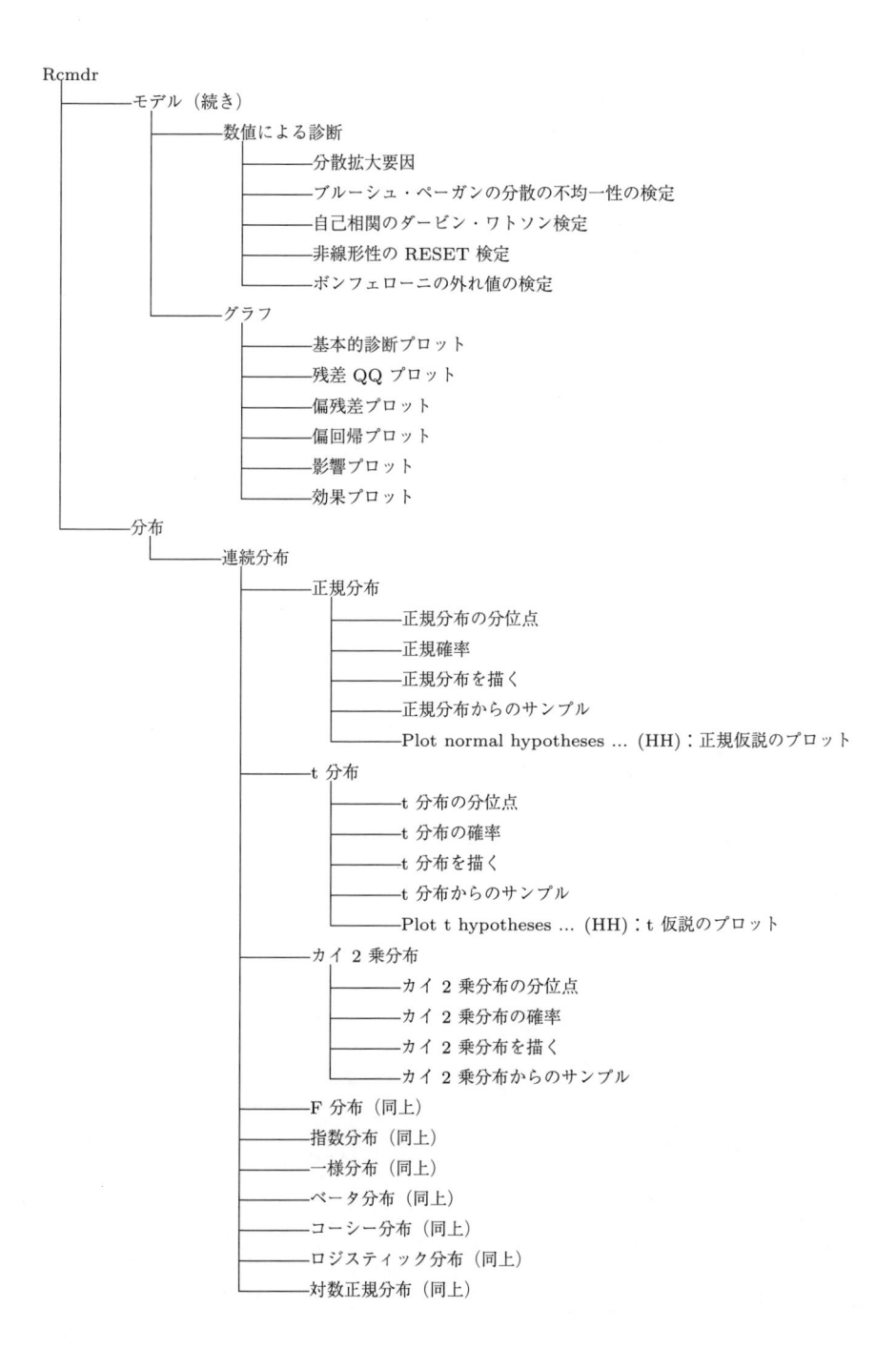

```
Rcmdr
├─モデル（続き）
│   ├─数値による診断
│   │   ├─分散拡大要因
│   │   ├─ブルーシュ・ペーガンの分散の不均一性の検定
│   │   ├─自己相関のダービン・ワトソン検定
│   │   ├─非線形性の RESET 検定
│   │   └─ボンフェローニの外れ値の検定
│   └─グラフ
│       ├─基本的診断プロット
│       ├─残差 QQ プロット
│       ├─偏残差プロット
│       ├─偏回帰プロット
│       ├─影響プロット
│       └─効果プロット
└─分布
    └─連続分布
        ├─正規分布
        │   ├─正規分布の分位点
        │   ├─正規確率
        │   ├─正規分布を描く
        │   ├─正規分布からのサンプル
        │   └─Plot normal hypotheses … (HH)：正規仮説のプロット
        ├─t 分布
        │   ├─t 分布の分位点
        │   ├─t 分布の確率
        │   ├─t 分布を描く
        │   ├─t 分布からのサンプル
        │   └─Plot t hypotheses … (HH)：t 仮説のプロット
        ├─カイ 2 乗分布
        │   ├─カイ 2 乗分布の分位点
        │   ├─カイ 2 乗分布の確率
        │   ├─カイ 2 乗分布を描く
        │   └─カイ 2 乗分布からのサンプル
        ├─F 分布（同上）
        ├─指数分布（同上）
        ├─一様分布（同上）
        ├─ベータ分布（同上）
        ├─コーシー分布（同上）
        ├─ロジスティック分布（同上）
        └─対数正規分布（同上）
```

付録C　Rcmdr および Rcmdr.HH のメニューツリー

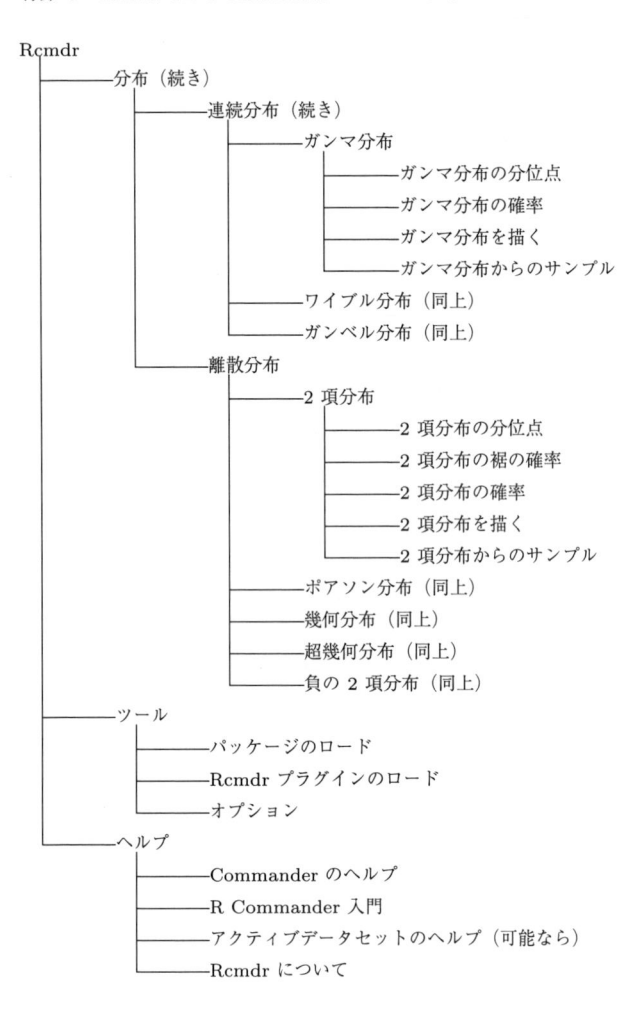

```
Rcmdr
  ├──分布（続き）
  │    ├──連続分布（続き）
  │    │    ├──ガンマ分布
  │    │    │    ├──ガンマ分布の分位点
  │    │    │    ├──ガンマ分布の確率
  │    │    │    ├──ガンマ分布を描く
  │    │    │    └──ガンマ分布からのサンプル
  │    │    ├──ワイブル分布（同上）
  │    │    └──ガンベル分布（同上）
  │    └──離散分布
  │         ├──2項分布
  │         │    ├──2項分布の分位点
  │         │    ├──2項分布の裾の確率
  │         │    ├──2項分布の確率
  │         │    ├──2項分布を描く
  │         │    └──2項分布からのサンプル
  │         ├──ポアソン分布（同上）
  │         ├──幾何分布（同上）
  │         ├──超幾何分布（同上）
  │         └──負の2項分布（同上）
  ├──ツール
  │    ├──パッケージのロード
  │    ├──Rcmdr プラグインのロード
  │    └──オプション
  └──ヘルプ
       ├──Commander のヘルプ
       ├──R Commander 入門
       ├──アクティブデータセットのヘルプ（可能なら）
       └──Rcmdr について
```

参考文献

▼ 和書—R 関連

[1] 荒木孝治編著（2009）『フリーソフトウェア R による統計的品質管理入門 第 2 版』日科技連出版社．
[2] 岡田昌史編（2004）『The R Book — データ解析環境 R の活用事例集』九天社．
[3] 熊谷悦生・舟尾暢男（2008）『R で学ぶデータマイニング① データ解析［編］』オーム社．
[4] 金明哲（2007）『R によるデータサイエンス』森北出版．
[5] 椿広計（2007）『ビジネスへの統計モデルアプローチ』朝倉書店．
[6] 舟尾暢男（2004）『The R Tips — データ解析環境 R の基本技・グラフィックス活用集』九天社．
[7] 舟尾暢男（2008）『「R」Commander ハンドブック』オーム社．
[8] 舟尾暢男・高浪洋平（2006）『データ解析環境「R」— 定番フリーソフトの基本操作からグラフィックス、統計解析まで』工学社．
[9] 間瀬茂・鎌倉稔成・神保雅一・金藤浩司（2004）『工学のためのデータサイエンス入門 — フリーな統計環境 R を用いたデータ解析』数理工学社．
[10] 渡辺利夫（2005）『フレッシュマンから大学院生までのデータ解析・R 言語』ナカニシヤ出版．

▼ 和書—統計・多変量解析関連

[11] 圓川隆夫（1988）『多変量のデータ解析』朝倉書店．
[12] 永田靖（1992）『入門 統計解析法』日科技連出版社．
[13] 永田靖・棟近雅彦（2001）『多変量解析法入門』サイエンス社．
[14] 長畑秀和（2001）『多変量解析へのステップ』共立出版．
[15] 蓑谷千凰彦（1992）『計量経済学の新しい展開』多賀出版．
[16] 山口和範・高橋淳一・竹内光悦（2004）『図解入門 よくわかる多変量解析の基本と仕組み』秀和システム．

▼ 洋書・翻訳書

[17] Agresti, A. (1996) *An Introduction to Categorical Data Analysis*, John Wiley & Sons（渡邉裕之・菅波秀規・吉田光宏・角野修司・寒水孝司・松永信人訳 (2003)『カテゴリカルデータ解析入門』サイエンティスト社）.

[18] Anderberg, M. R. (1973) *Cluster Analysis for Applications*, Academic Press（西田英郎監訳 (1988)『クラスター分析とその応用』内田老鶴圃）.

[19] Banfield, J. D. and A. E. Raftery (1993) Model-based Gaussian and non-Gaussian Clustering, *Biometrics*, Vol. 49, 803-821.

[20] Crawley, M. J. (2007) *The R Book*, John Wiley & Sons.

[21] Dalgaard, P. (2002) *Introductory Statistics with R*, Springer（岡田昌史監訳 (2007)『R による医療統計学』丸善）.

[22] Everitt, B. S. (2005) *An R and S-PLUS Companion to Multivariate Analysis*, Springer（石田基広・石田和枝・掛井秀和訳 (2007)『R と S-PLUS による多変量解析』シュプリンガー・ジャパン）.

[23] Everitt, B. S. and T. Hothorn (2006) *A Handbook of Statistical Analyses Using R*, Chapman & Hall/CRC.

[24] Faraway, J. J. (2004) *Linear Models with R*, Chapman & Hall/CRC.

[25] Faraway, J. J. (2006) *Extending the Linear Model with R: Generalized Linear, Mixed Effects and Nonparametric Regression Models*, Chapman & Hall/CRC.

[26] Fox, J. (2006) *An R and S-Plus Companion to Applied Regression*, Sage Books.

[27] Fox, J. (2006) Getting Started with the R Commander, パッケージ Rcmdr に付属.

[28] Fraley, C. and A. E. Raftery (1999) MCLUST: Software for Model-based Cluster Analysis, *Journal of Classification*, Vol. 16, 297–306.

[29] Fraley, C. and A. E. Raftery (2002) Model-based Clustering, Discriminant Analysis, and Density Estimation, *Journal of the American Statistical Association*, Vol. 97, pages 611–631.

[30] Fraley, C. and A. E. Raftery(2003) Enhanced Model-based Clustering, Density Estimation, and Discriminant Analysis Software: MCLUST, *Journal of Classification*, Vol. 20, 263–286.

[31] Fraley, C., A. E. Raftery (2007) Model-based Methods of Classification: Using the mclust Software in Chemometrics, *Journal of Statistical Software*, 18 6, 1–13.

[32] Heiberger, R. M. and B. Holland (2004) *Statistical Analysis and Data Display:*

An Intermediate Course with Examples in S-Plus, R, and SAS, Springer.

[33] Maindonald, J. H. and W. J. Braun (2007) *Data Analysis and Graphics Using R – An Example-Based Approach* 2nd ed., Cambridge University Press.

[34] Murrell, P. (2007) *R Graphics*, Chapman & Hall/CRC.

[35] R Development Core Team (2007) R: A Language and Environment for Statistical Computing, R Foundation for Statistical Computing, Vienna, Austria, 3-900051-07-0, http://www.R-project.org

[36] Venables, W. N. and B. D. Ripley (2004) *Modern Applied Statistics with S* 4th ed., Springer（伊藤幹夫・大津泰介・戸瀬信之・中東雅樹訳（2001）『S-PLUSによる統計解析』シュプリンガー・フェアラーク東京、原著第3版の翻訳）．

[37] Verzani, J. (2005) *Using R for Introductory Statisitics*, Chapman & Hall/CRC.

▼ ウェブサイト

[38] 荒木のホームページ: http://www.ec.kansai-u.ac.jp/user/arakit/R.html/
[39] CRAN（The Comprehensive R Archive Network）: http://www.R-project.org/
[40] RjpWiki: http://www.okada.jp.org/RWiki/
[41] Zoonekynd, V. (2007) *Statistics with R*, http://zoonek2.free.fr/UNIX/48_R/all.html/

索　引

~ チルダ, 26
∧ ハット, 22
− マイナス、除去, 79
=（<-）代入, 182
? ヘルプ, 11

added-variable plot, 72
AIC, 83
ANOVA, 39

banknote, 10
BIC, 83, 191
binomial, 122
biplot, 177

cex, 114
complexity parameter, 139
component+residual plot, 74
correspondence analysis, 171
C_p, 83
cp, 139
cross-validation, 148
csv, 12, 44

decision tree, 137
deviance, 126
　　null ——, 126
　　residual ——, 126
　　—— residuals, 125

FactoMineR, 112
factor, 44, 188
fit, 36, 68
John Fox, 181

GUI, 181

int, 35

leaps, 89
leverage, 73
lwr, 36, 68

McQuitty, 156
mda, 143
multicolinearity, 74

NA, 182

outlier, 69

P 値, 29
p-value, 29
PCA, 112
pch, 114
pcr, 115
pls, 115
prune, 139

QQ プロット, 191

R コマンダー（Rcmdr）, 10, 181
　　——のメニューツリー, 195
　　——の起動, 10
R Console, 10
R コンソール, 10
Rcmdr, 10, 181
Rcmdr.HH, 191
regression tree, 137
residual, 22, 55

step, 88

t 値, 32
tolerance, 74

upr, 36, 68

索　引

variable, 1

xerror, 140
xlim, 121

ylim, 121

赤池の情報量基準（AIC）, 83
アクティブデータセット, 12, 183
アソシエーション分析, 180
当てはまりの良さ, 28, 61
アンスコム（F. Anscombe）, 69

石川
　　——馨, 1
　　——ダイアグラム, 1
逸脱度, 126
　　　——残差, 125
一般化線形モデル, 4, 120
因子, 14, 44, 188
　　　——負荷量, 104
　　　——分析, 5
インポート, 11

ウィンドウ
　　出力——, 181
　　スクリプト——, 181
ウォード（Ward）法, 155

重み, 144

回帰
　　——木, 137
　　——診断, 68
　　——直線, 25
　　——分析, 4, 19
　　——平面, 53
　　——母数, 22
カイザー基準, 105
外挿, 40
かたより, 81
関数
　　Anova(), 39

CA(), 175
Confint(), 34
EMclust(), 167, 168
KMeans(), 163
MCA(), 177
Mclust(), 167
PCA(), 112
abline(), 114
attach(), 106, 186
barplot(), 176
c(), 40
cbind(), 122
cookd(), 80
cor(), 15
data.frame(), 40
glm(), 122
hatvalues(), 80
head(), 185
help(), 11
ilogit(), 119, 124
lda(), 152
leaps(), 89
legend(), 176
library(), 11, 191
lines(), 124
lm(), 26, 60
logit(), 118
multinom(), 135
names(), 168, 185
pairs(), 114
pcr(), 115
plot(), 121
plotcp(), 139
post(), 141
predict(), 35
princomp(), 109
printcp(), 139
prop.table(), 176
prune(), 139
read.table(), 182
residuals(), 80, 125
round(), 136
rpart(), 137

索　引

rstudent(), 80
seq(), 40
step(), 129
str(), 185
summary(), 13
table(), 153, 160, 172
text(), 138
update(), 86
vif(), 76
完全連結法, 155
感度分析, 72
カンマ区切り（csv）, 24

QQ プロット, 7
行得点, 177
距離, 155
　　クラスター間の——, 155
　　マンハッタン——, 155
　　ユークリッド——, 155
　　ユークリッド平方——, 155
寄与率, 28, 61, 104, 191
　　自由度調整済——, 62, 191
　　累積——, 105

区切り記号, 12
クックの距離, 73, 131
クラスター, 154
クラスター分析, 4, 154
クラスタリング
　　階層的——, 154
　　非階層的——, 154
　　モデルに基づく——, 166
グラフィカルモデリング, 4, 180
クロス集計表, 173
クロスセクションデータ, 3
群平均法, 155

k-平均法, 163
欠測値, 182
決定木, 137
決定係数, 28, 61

交互作用, 99

交差検証法, 140, 148
合成変数, 101
誤差, 20
　　——の 4 条件, 69
誤判別
　　——率, 148
固有
　　——値, 103
　　——ベクトル, 103
コレスポンデンス分析, 172
コンジョイント分析, 180

最小 2 乗直線, 25
最小 2 乗法, 22, 55
最小値, 6
最大値, 6
最短距離法, 155
最長距離法, 155
作業ディレクトリ, 172
残差, 22, 55
　　スチューデント化——, 70
　　——の QQ プロット, 70
　　——の時系列プロット, 71
　　——のヒストグラム, 70
　　——のプロット, 70
　　——の分布, 70
　　——分析, 69
　　——平方和, 23, 55
散布図, 8
　　3 次元——, 191
　　——行列, 9
サンプル, 2
　　——の大きさ, 2

時系列データ, 3
実験計画法, 180
質的
　　——データ, 3
　　——変数, 3
四分位
　　——数, 7
　　——範囲, 7
射影行列, 70

207

索 引

重回帰
　　——式, 53, 57
　　——分析, 53
　　——モデル, 21, 53
重心法, 156
重相関係数, 62
従属変数, 20
樹形図, 138, 154
主成分, 101
　　——回帰, 115
　　第1——, 102
　　——得点, 104
　　——分析, 4, 101
出力ウィンドウ, 181
順位データ, 3
情報量基準, 83
　　赤池の——（AIC）, 83
　　ベイズ——（BIC）, 83
信頼下限, 36
信頼区間, 191, 193
信頼上限, 36

数量化, 174
スクリープロット, 105
スクリプトウィンドウ, 181
図・プロット
　　3次元散布図, 191
　　QQプロット, 7, 191
　　基本的診断プロット, 77
　　散布図, 8, 17
　　散布図行列, 9
　　樹形図, 138
　　スクリープロット, 105
　　正規QQプロット, 7
　　層別の散布図行列, 15
　　特性要因図, 1
　　バイプロット, 177
　　箱ひげ図, 7
　　ヒストグラム, 6
　　偏回帰プロット, 72
　　偏残差プロット, 74, 79
　　密度プロット, 15
　　要素+残差プロット, 74

正規
　　——QQプロット, 7
　　——確率プロット, 7
　　——性, 22, 53
　　——分布, 6
　　——分布の分布関数, 190
　　——分布の密度関数, 190
正規性の検定, 194
　　シャピロ・ウィルクの——, 194
正規方程式, 24, 56
正準相関, 177
正準相関分析, 4
説明変数, 20
ゼロ仮説, 31, 63
線形
　　——式, 53
　　——回帰モデル, 20
　　——判別関数, 144
剪定, 139

相関
　　——行列, 9, 106
　　——係数, 8
　　無——, 71, 102
層別, 14, 15

ダービン・ワトソン比, 71
ダイアログボックス, 183
対応分析, 4, 171
代入, 27
多項ロジットモデル, 133
多重共線性, 74
多値, 133
多変量解析法, 1
単回帰
　　——分析, 19
　　——モデル, 21
単連結法, 155

中央値, 6
直交配列表, 180

ツリーモデル, 4, 137

208

索　引

データ行列, 5
データセット
　　Forbes2000, 100
　　Glass, 143
　　SpaceShuttle, 120
　　anscombe, 69
　　banknote, 10
　　biopsy, 116
　　caith, 180
　　glass, 143
　　iris, 116
　　oring, 120
　　orings, 120
　　titanic2, 141
　　アクティブ——, 183
データのインポート（読み込み）, 11
データファイル, 24
データフレーム, 40
てこ比, 73, 131
デンドログラム, 154

統計量, 6
等質性分析, 179
等分散性, 22, 53
特性, 1
　　——要因図, 1
独立性, 22, 53
独立変数, 20

2 次元正規分布, 147
西里 静彦, 171

バイプロット, 157, 177
箱ひげ図, 7
バスケット分析, 180
外れ値, 8, 69
パッケージ
　　DAAG, 120
　　FactoMineR, 112, 175, 177
　　HSAUR, 100
　　Hmisc, 141
　　MASS, 116, 152, 180
　　Rcmdr, 10, 181

Rcmdr.HH, 191
　　alr3, 10, 69
　　arules, 180
　　ca, 175
　　car, 76, 118
　　faraway, 118
　　ggm, 180
　　homals, 179
　　leaps, 89
　　mclust, 166
　　mda, 143
　　mlbench, 143
　　mvpart, 137
　　nnet, 135
　　party, 137
　　pls, 115
　　rpart, 137
　　tree, 137
　　vcd, 120
パッケージのインストール, 11
パッケージの読み込み（起動）, 11
ハット行列, 70
林 知己夫, 171
パラメータ（母数）, 6
パレートの法則, 105
判別
　　——関数, 144
　　——表, 148
判別分析, 4, 144
　　線形——, 144

ヒストグラム, 6
非線形回帰モデル, 21
標準
　　——化, 106
　　——化残差, 70
標準偏差, 6

フィッシャー（R. A. Fisher）, 144
　　——のスコア法, 126
複雑性の指標, 139
不偏性, 22, 53
分位点, 7

索 引

分割表, 173
分散, 6
　——拡大要因, 74
分散分析表, 27, 39, 61
分布
　　正規——, 6
　　多項——, 133
　　2項——, 122
　　2次元正規——, 8, 147

平滑線, 25
平方和
　　回帰——, 27, 61
　　残差——, 23, 61
　　総——, 27, 61
ヘルプ, 11
偏回帰
　——係数, 53, 57
　——プロット, 72
偏残差プロット, 79
変数, 1
　　質的——, 3
　　従属——, 20
　　数値——, 3
　　説明——, 20
　　潜在——, 4
　　独立——, 20
　　被説明——, 20
　　目的——, 20
変数選択, 81
　　ステップワイズ法, 82
　　総当たり法, 82
　　逐次選択法, 82
　　変数指定法, 82
ベンゼクリ, 171
変動
　　群間——, 144
　　群内——, 144
変量, 1

母
　——集団, 2

　——分散, 6
　——平均, 6
母回帰
　——式, 21
　——直線, 21
母数（パラメータ）, 6

マハラノビス（Mahalanobis）, 147
　——の距離, 67, 147
マルチコ, 74
マローズ（C. L. Mallows）
　——の C_p, 83, 191

密度
　——関数, 7
　——推定, 7
　——プロット, 7

メディアン, 6
メディアン法, 156

目的変数, 20
モデル式, 26, 60, 99, 137, 152

有意, 29, 32
　——水準, 29, 32

予測区間, 191, 193

量的
　——データ, 3
　——変数, 3
リンク関数, 120

類似度, 154
累積寄与率, 105

列得点, 177
レベレッジ, 73

ロジスティック回帰, 119
ロジット変換, 118

◆編著者・著者紹介

荒木孝治(あらき たかはる) ：1章、4章、5章、6.1節、付録 担当
大阪大学大学院基礎工学研究科博士課程後期課程退学
現　在　関西大学商学部教授
著　書　『フリーソフトウェアRによる統計的品質管理入門』日科技連出版社

長畑秀和(ながはた ひでかず) ：3章、6.3節 担当
九州大学大学院理学研究科修士課程修了
現　在　岡山大学大学院社会文化科学研究科、理学博士
著　書　『統計学へのステップ』共立出版
　　　　『多変量解析へのステップ』共立出版
　　　　『ORへのステップ』共立出版

橋本紀子(はしもと のりこ) ：2章、6.2節 担当
神戸大学大学院経済学研究科博士課程後期課程退学
現　在　関西大学経済学部教授、経済学博士
著　書　『Excelで始める経済統計データの分析』日本統計協会
　　　　『変わりゆく社会と家計の消費行動』関西大学出版部

(所属等は2009年8月現在、五十音順)

RとRコマンダーではじめる多変量解析

2007年10月1日　第1刷発行
2019年1月28日　第7刷発行

編著者　荒木孝治

発行人　戸羽節文

検印
省略

発行所　株式会社日科技連出版社
〒151-0051　東京都渋谷区千駄ケ谷5-15-5
DSビル
電　話　出版 03-5379-1244
　　　　営業 03-5379-1238

印刷・製本　三　秀　舎

Printed in Japan

© Takaharu Araki et al. 2007
ISBN978-4-8171-9241-7
URL　http :// www.juse-p. co. jp/

本書の全部または一部を無断で複写複製（コピー）することは、著作権法上での例外を除き、禁じられています。